中国高等院校建筑学科系列教材

计算机辅助建筑三维表现基础

同济大学

汤众　路杨　孙澄宇 编著

上海人民美術出版社

图书在版编目（CIP）数据

　　计算机辅助建筑三维表现基础／汤众等编著.－上海：上海人民美术出版社，2010.01
　　（中国高等院校建筑学科系列教材）
　　ISBN 978－7－5322－6344－8

　　I.计... II.①汤...②路...③孙... III. 三维－模型（建筑）－计算机辅助设计－高等学校－教材 IV.TU205

　　中国版本图书馆CIP数据核字（2009）第112376号

中国高等院校建筑学科系列教材

计算机辅助建筑三维表现基础

编　　著：汤　众　路　杨　孙澄宇
责任编辑：姚宏翔
统　　筹：赵春园
封面设计：孙豫苏
技术编辑：陆尧春
出版发行：**上海人民美術出版社**
　　　　　（地址：上海长乐路672弄33号　邮编：200040）
印　　刷：上海锦佳装璜印刷发展公司
开　　本：889×1194　1/16　印张 12
版　　次：2010年01月第1版
印　　次：2010年01月第1次
书　　号：ISBN 978－7－5322－6344－8
定　　价：48.00元

目 录

序

戴复东　中国工程院院士　同济大学博士生导师

"中国高等院校建筑学科系列教材"即将出版。这是一件有意义的事。

现在，在一些人的思想中，还存在着下述的问题：即现在电脑发展非常迅速，也逐渐成熟，可以进行各种方式的绘图工作。所以建筑系和学院的学生们是不是需要学习美术？或者是不是需要花这么多时间学习这么多内容的美术等问题。这些是一种实际存在的社会分工现象，但作为建筑教育来说，我们应当怎样去正确认识呢？

广义的建筑是我们人类为了生存、生活的需要，自己不断去创造出新的、尚不存在的人工环境和自然环境，或是改造不合用的现存、已有的人工和自然环境。而这些环境都是物质构成的，都是以一定的空间、实体的形态存在的。在经济条件允许和技术条件可能的情况下，应当将这些环境设计建造或改造得更适用些、更舒适些、更赏心悦目些，这就是人类发展的基本要求。如何才能做到这一点呢？这就要靠规划、建筑、园林和环境设计人才了。而这些人才正是在大学建筑系或学院内各个专业所培养的对象。要学习和学会做好以上的工作，除了要进行逻辑思维的学习训练以外，对空间、实体的变化处理和运作方面需要非常重要的基础理论、基本知识和基本方法，是终身受用的基本功夫。这就一定要进行一定时间和内容的形象思维的基础学习训练。这一基础培养的任务，主要是通过美术课程的教学来进行。因为通过各项美术课程的学习，学生们才会通过绘画的对象，经过大脑的认识、组织、分析，逐步加深对空间、实体的物质对象各种关系的认识和理解，才能铭记在思想中，而得到形象与空间的辨别力和想象力。

其次，规划、建筑、园林和环境的设计人员们首先应当知道在空间、实体、形态的处理上，如何满足客观实际的要求而进行设计。但是设计人员基本上往往不是投资人，也不是决策人。所以设计人员应当有办法将自己的规划设计构想使他人，特别是投资者、决策者和有关领导能够知晓、理解。同时，设计人员也应当对自己看见的形象和想法是不是合乎客观实际，是不是好，有一个充分的了解。这就要求设计人员自己能有对空间、实体和形态的手头表达能力。如何才能做到这一点呢？当然各种表达能力可以用立体的模型、各种透视和鸟瞰的表现图等等。而这些的表达方式现在已经泛商业化了，可以由专门做模型的公司和制作表现图的公司来操作。从表面上看，似乎各种设计人员可以不要掌握这些技巧了。但是通过大量的实践表明，用商业化的办法由别人操作是需要的，也是可能的，但这样做会费时费钱，而别人制作的东西是否符合设计者的想法、意图，需要由设计者来鉴定。如果自己不具有这种表达能力，就会使设计人员处在一种对自己的设计只能有一些似曾相识的地位。同时也无法在设计的初始探索阶段，随时随地快速作出调整修改。因此作为一个真正有水平、有能力的设计人员，能够用徒手或是借用建筑作图的方法，将所设计的对象及早地、比较符合实际地绘制出来，这应当是一种不可缺少的、非常重要的本领。要达到这一点，最好在中学阶段就开始培养自己这方面的兴趣和能力，大学后再进行专门的、序列和系列的各种学习训练，必须在系列美术课程中进行，当然，从大学开始训练也是可以的。这样，就可以打下较强的专业基础。设计工作有时就好比军事竞赛一样。今天，虽然有了各种各样新式武器，但是要取得战争和战斗的胜利，首先要指挥员有智慧和魄力的决策、布署，各军种的匹配，而最后战士的体魄、基本训练、单兵的作战能力仍占有极为重要的作用。

再者，世界是五彩缤纷的，而且搭配和组合得令人心旷神怡或是激情荡漾，我们要创造的人工和自然环境是千变万化的。因此我们设计人员要认识它们、理解它们和再现它们，这也是很不容易的事，这就要有赖于我们在色彩绘画课程中打下的坚实基础。

上述的各种基础训练完成以后，如何与广义的建筑和建筑表现方式结合起来，也需要有一个重要的磨合过程。在这份教材中就坚实地向前跨出了一步。重视了学习美术基本功和广义建筑表现图中各领域、系列和序列之间的融合和匹配。

此外对于为人类创造美好环境的人才来说，在大学的专业教学中，对美的教育和培养，对国内外美术和艺术的历史发展等等都应当有计划、有步骤地对学生进行教育培训，以扩大他（她）们的眼界，加深他（她）们的认识和理解。希望他（她）们广闻博览、兼收并蓄、博采众长，为人类创造更美好的环境打下坚实的基础。

这些就是美术课程教学的主要目的，也是本系列教材发挥的重要作用。

前　言

计算机辅助建筑三维表现的各类书籍与教材已经有不少，这类书籍的编写有些困难在于建筑设计和计算机辅助设计水平都在不断地提高，因此对此类书籍与教材的要求也不断地提高。特别是计算机软件与硬件的不断交替升级，使得教、学、用这三方面都在不停地跟着变化。作为教材需要有一个阶段的稳定性，因此本教材希望尽量从相关基本的原理和概念出发，探索如何在较长一段时间里保持相关内容的适用性，以更符合教学的实际要求。

计算机辅助建筑三维表现是计算机辅助设计技术在建筑设计表现中又一高级的应用。其目的就是通过使用计算机软硬件的辅助，以多种方式来表达和表现建筑设计。

所有建筑类专业的学习都在其专业基础教育中饱含建筑设计表现的教学内容，其中绘图和模型制作是必不可少的很重要的一部分。通过绘图和模型，可以形象直观地表达设计方案，也可以让更多的非专业人士了解和理解建筑设计方案，从而帮助设计者更好地深化和完成设计。计算机辅助建筑三维表现更以其精确性和真实性在近年来受到广泛的应用和欢迎。而具备应用计算机辅助建筑三维表现能力就成为当前从事建筑设计相关专业人员所必不可少的重要的素质之一。

近年来，计算机辅助建筑三维表现开始向专业化方向发展，很多专业公司开始提供计算机辅助建筑三维表现的服务和产品，这些公司的从业人员并不是建筑设计专业，虽然计算机操作很熟练，但对于建筑表现依然需要进一步加强学习和理解。

为此，本教材编者结合多年建筑设计基础教学和计算机辅助设计教学的实践，编写这部计算机辅助建筑三维表现教材，主要面向从事建筑类专业（包括城市规划、室内设计和环境艺术专业）学习的学生和相关从业人员，帮助他们掌握应用计算机辅助建筑三维表现的能力，同时也可以为从事建筑设计和教学的同行提供一定的参考。

本教材为计算机辅助建筑设计系列教材的第二部分，第一部分主要介绍计算机辅助建筑设计表现中矢量线条表现（平面图、立面图、剖面图等）和三维实体模型的构建。本教材延续第一部分的内容，即必须完成和掌握了第一部分教学内容的学习才能开始和更好地学习本部分学习。

在计算机辅助建筑三维表现中，3ds MAX 这个软件较为常用。3D Studio 的各个时期版本：从 DOS 环境下的 R1.0 ～ R4.0 到 Windows NT 环境下的 MAX、VIZ 各版本，无疑是计算机辅助建筑三维表现中国内应用较早也较为广泛的软件之一。但能应用于计算机辅助建筑三维表现的计算机软件绝非 3ds MAX 一家，而 3ds MAX 也并非只用于计算机辅助建筑三维表现，为此本教材根据建筑设计计算机辅助渲染表现的特点总结出一些规律作为原理重点讲述，希望大家在掌握这些规律后举一反三，在以后软件升级或其他软件中继续很好地应用。并在平时多通过其他各种途径更多和更深入地了解和掌握各种渲染软件。如今国际互联网已经十分普及，通过浏览各软件公司的网站以及相关专业网站，可以十分方便地了解到所需要的信息，是帮助学习的十分有力的助手和途径。

参与本书主要编写工作的有同济大学的汤众副教授、孙澄宇讲师和河南大学的路杨副教授，同济大学建筑系2006 届的周青波、曹颖琳同学协助参与了本教材后期的编排工作，另外同济大学 2005 届建筑系学生和上海鑫致展示设计制作有限公司曹金波先生也提供了各项实例与插图。

计算机辅助建筑三维表现所涉及内容较多，编者又希望以较少篇幅以适合一个学期的教学内容，由此可能会造成些许疏漏之处，还希望读者能够谅解并提出建议，便于今后参考改进。

编者

二〇〇九年十一月

第一章　建筑空间的表达与 3ds MAX

在介绍使用计算机辅助建筑三维空间表现之前，为了能够理解建筑表现的目的与意义，本章首先介绍一下建筑空间、建筑设计、建筑表现的相互关系，并简单介绍建筑空间表达的手段和常用的渲染软件 3ds MAX。

1.1 建筑空间与设计

建筑提供人们从事各种活动的空间，因此，建筑设计的对象便是"空间"。老子所谓"凿户牖以为室，当其无，有室之用"，建筑设计通过以各种手段限定出一些特定空间以适合人们特定的活动。有时人们的活动是多样的、连续的，甚至是并发的，同样建筑也要能够提供能够满足这种复杂活动的空间。

图 1-1-1　建筑提供人们活动的空间

要形成空间必然需要形成空间限定的手段。从简单地在空地放上一块大石头；到地面高低材质变化；再到立起几面墙来加以围合，直到使用太空材料产生出无法简单描述的有机形态。尽管建筑中有非物质的部分，但是与其他人类精神领域里的活动不同，建筑最终是要被建造出来的。此时的建筑设计便是指建筑物在建造之前，设计者按照建设任务，把施工过程和使用过程中所存在的或可能发生的问题，事先做好通盘的设想，拟定好解决这些问题的办法、方案，用图纸和文件表达出来，作为备料、施工组织工作和各工种在制作、建造工作中互相配合协作的共同依据，便于整个工程得以在预定的投资限额范围内，按照周密考虑的预定方案，统一步调，顺利进行。并使建成的建筑物充分满足使用者和社会所期望的各种要求。建筑设计过程中有两个因素一直贯穿着：一个是建筑学意义上很多精神层面的追求；另一个则是工程学意义上的物质存在。这两个因素通常被称为建筑艺术与技术。

建筑师在进行建筑设计时面临的矛盾有：内容和形式之间的矛盾；需要和可能之间的矛盾；投资者、使用者、施工制作、城市规划等方面和设计之间，以及它们彼此之间由于对建筑物考虑角度不同而产生的矛盾；建筑物单体和群体之间、内部和外部之间的矛盾；各个技术工种之间在技术要求上的矛盾；建筑的适用、经济、坚固、美观这几个基本要素本身之间的矛盾；建筑物内部各种不同使用功能之间的矛盾；建筑物局部和整体、这一局部和那一局部之间的矛盾等。这些矛盾构成非常错综复杂的局面，而且每个工程中各种矛盾的构成又各有其特殊性。

建筑设计是一种需要有预见性的工作，要预见到拟建建筑物存在的和可能发生的各种问题。这种预见，往往是随着设计过程的进展而逐步清晰、逐步深化的。

为了使建筑设计顺利进行，少走弯路，少出差错，取得良好的效果，在众多矛盾和问题中，先考虑什么，后考虑什么，大体上要有个程序。根据长期实践得出的经验，设计工作的着重点，常是从宏观到微观、从整体到局部、从大处到细节、从功能体型到具体构造，步步深入的。

为此，设计工作的全过程分为几个工作阶段：搜集资料、初步方案、初步设计、技术设计施工图和详图等，循序进行，这就是基本的设计程序。它因工程的难易而有增减。

在整个建筑设计过程中，不仅仅只有建筑师一人在工作，而是有众多与建设相关的各个方面人员共同参与和影响。在这个过程中需要大量的信息交流，是一个复杂的信息处理过程。

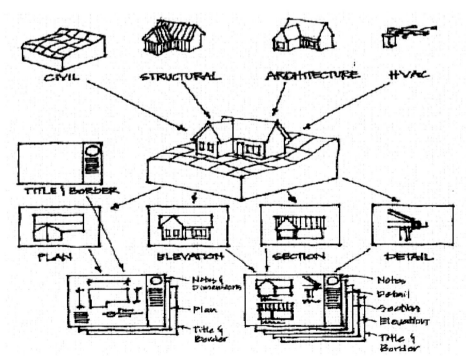

图 1-1-2　建筑设计各因素

1.2 建筑设计与表现

建筑设计的复杂性使得建筑设计过程中信息交流显得很重要。建筑产生不同于机器的制造，建筑的形态还有着社会、人文、艺术等多方面的意义。在建筑设计的前期，在建筑形态造型方案被最终确定之前，建筑师需要将建筑设计充分表现出来，而且要以非常通俗易懂的方式表现给很多非建筑工程技术专业的人们，而这些人却是决定着建筑设计最终命运的决策者。这些人是建筑的主人，包括投资者、所有者、管理者、使用者等等，他们可能是达官显贵，也可能只是贩夫走卒。

建筑设计不是闭门造车一蹴而就的，建筑往往不是属于建筑师个人的，在设计过程中要不断征求建筑主人的意见，要根据实际情况综合各方面因素不断修改和完善。为了寻求最佳的设计方案，还需要提出多种方案进行比较。方案比较，是建筑设计中常用的方法。从整体到每一个细节，对待每一个问题，设计者一般都要设想好几个解决方案，进行一连串的反复推敲和比较。即或问题得到初步解决，也还要不断设想有无更好的解决方式，使设计方案臻于完善。

在这些过程中，各个阶段的建筑设计方案都需要形象地表现出来，而且不仅要表现出建筑的三维形态造型，还要力争能够表现出建筑作品的艺术属性。

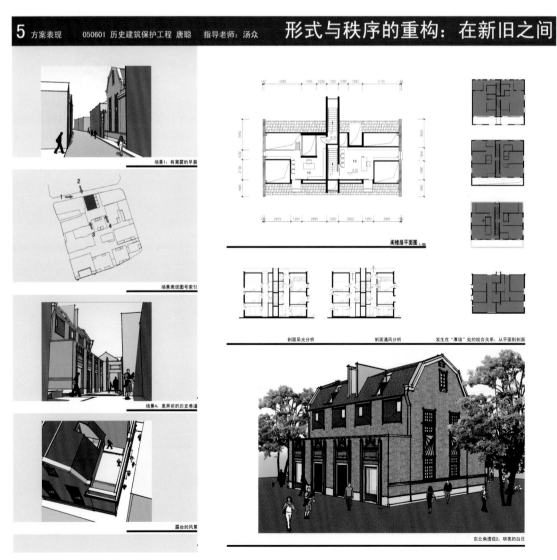

图 1-2-1　建筑设计方案表现

在具体的建筑设计过程中，首先就需要对将要建设建筑的周围环境加以仔细研究与分析，了解并掌握各种有关的外部条件和客观情况：自然条件，包括地形、气候、地质、自然环境等；城市规划对建筑物的要求，包括用地范围的建筑红线、建筑物高度和密度的控制等；城市的人为环境，包括交通、供水、排水、供电、供燃气、通信等各种条件和情况；使用者对拟建建筑物的要求，特别是对建筑物所应具备的各项使用内容的要求等；以及其他可能影响工程的其他客观因素。这些研究与分析的结果直接影响了建筑的可能性，因此这种研究与分析就需要表现出来并与有关方面进行汇报与交流。在这里地形变化、用地范围、周围建筑状态、日照限制等等都是需要以有形的三维形态表现才能够方便非专业人士理解。

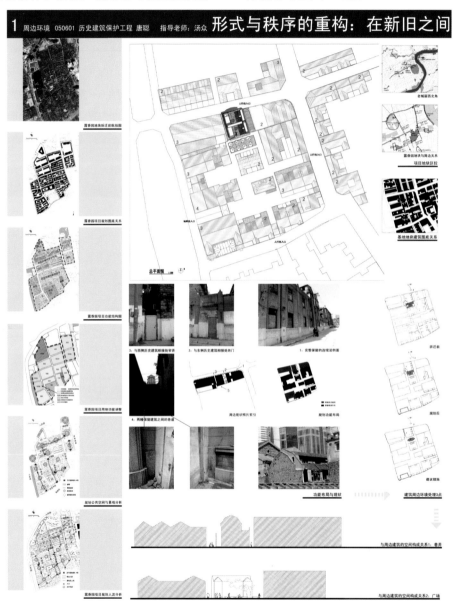

图 1-2-2　建筑环境分析表现

设计者在对建筑物主要内容的安排有个大概的布局设想以后，首先要考虑和处理建筑物与城市规划的关系，建筑师需要同建筑的主人和规划部门充分交换意见，最后使自己所设计的建筑物取得规划部门的同意，成为城市有机整体的组成部分。此时建筑的基本规模与体块形态已经初步产生，建筑物的表现也自此开始，这时建筑表现着重于与周围环境的关系，要分析并表现出建筑建成之后在景观、气候、日照、交通等方面对所处环境所造成的影响。

几乎在考虑建筑与城市关系的同时，建筑的总体艺术风格也初步确定，主要的形态造型和虚实建筑材料的构成，甚至大体色彩都已产生。对于重要的公众性建筑，此时的建筑方案还会公示给广大公众，让更多的人参与评判。此时的建筑表现更是需要能够被大众所理解和接受，能够充分表现建筑设计方案的特点，将设计者的主要设计意图表现出来。

建筑的空间关系在外部表现为与周围的环境共同构成城市空间，而接下去更为重要的是建筑自身的空间组织。随着建筑设计的深入，建筑各个空间的设计以及这些空间之间关系的设计就需要加以仔细推敲了。建筑的各个大小空间的表现在深化设计阶段显得重要起来。此时影响空间的各个因素：空间限定方式、材料、色彩、照明、主要观察视点、空间序列变化等等都需要被表现出来供参考和推敲。此时的表现不仅需要现实具象的，

有时还会需要一些单一研究某个空间因素的超现实抽象的表现，例如去除了色彩干扰的黑白画面。

建筑各个空间的表现在建筑表现中将是大量的，因为这是建筑设计的主要对象。影响建筑空间各因素的每一次改变都会产生不同的空间效果。即使不必要将每一个比较方案都交由建筑主人评判，认真负责的建筑师也需要将其表现出来供自己比较和推敲。

在后期的工程设计阶段，也就是初步设计将建筑形态造型方案确定以后，参与建筑设计的人员都是受过专业设计的建筑工程技术人员。此时的信息交流将局限在具体的工程技术范围中，抽象但非常精确的工程技术图纸、表格、数据将是主要的信息形式。工业革命以后，随着大机器制造的发展而产生和进步的工程制图技术可以将任何复杂的构件以抽象的正投影线条三视图表达出来，成为工程界工程师交流的语言。

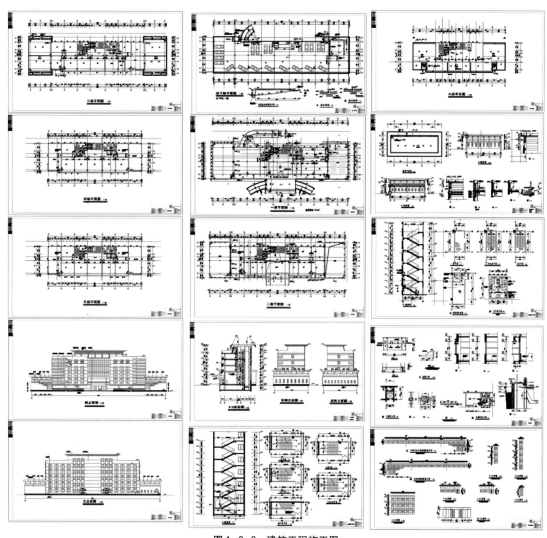

图 1-2-3　建筑工程施工图

1.3 建筑空间表达手段

建筑表现始终贯穿于建筑设计的始终，在不同的设计阶段针对不同的设计问题面向不同的对象都要将建筑设计表达出来。一直以来就有很多手段用来表现建筑，这些手段可以非常有效地解决各种建筑表现问题。

1.3.1 传统表现手段

徒手线条草图是最为古老的建筑表现手段，也是最自然最便捷的表现手段。使用最简单的工具几乎不需要专业训练，很多人都会使用徒手线条草图来表现一些几何形体，通过这种手段进行基于视觉的信息交流。对于专业建筑设计人员，草图是帮助设计思考的不可替代的工具。特别是在建筑设计前期的环境分析和设计构思阶段，思考与设计草图的密切交织大大促进了设想和思路。除了绘制草图供自己推敲设计，在与他人交流过程中，徒手草图以其方便快捷在计算机被大量应用的今天依然发挥着不可替代的作用。

图 1-3-1　大师阿尔多·罗西的草图

徒手线条草图还可以进一步填充阴影和一些平涂的颜色，成为色彩线条图。这样在表现三维几何形体的同时还能够表现大致的色彩。此时的色彩与线条一样都会被简化，而正是这样简化的色彩与线条使得此时的表现图还是一种快捷的草图，以其可以快速绘制在需要及时反馈的场合而显得十分有效。

草图可以大致表现建筑的形体与色彩，在更为正式的场合，还需要更为细致和具体的手段来表现建筑丰富的细部和色彩变化。水彩渲染和水粉画可以通过仔细描绘获得逼真的画面效果。在计算机制作效果图技术普及之前，建筑设计成果的表现基本都是通过手工水彩或水粉画来完成的。

"O che dolce cosa é questa prospettiva!"
But how sweet perspective is!

–Paolo Ucello
1396-1475

图 1-3-2　建筑水彩渲染

　　水彩或水粉画的绘制相对徒手线条草图更需要专业训练绘图技巧，绘制过程也较长，尽管相对于水彩画水粉还可能做些局部修改，但较大范围的设计调整就需要重新费时费力绘制。由于是手工绘制，在色彩方面有较大的主观性，为了提高效率，往往还表现得有些程式化。由于这些原因，水彩或水粉画一般只用于表现基本完成的建筑设计方案成果。

　　绘画手段只能够表现建筑有限的几个方面，建筑是三维空间的造型，要能够更为有效地表现这种三维形态，按比例缩小的模型是自然的选择。如今，在各种房展会上，夺人眼球的是那些美轮美奂的楼盘模型。这些生动、形象的建筑模型，让购房者很直观地感受到图纸上的户型设计、小区规划，在现实中到底是什么样。根据建筑设计图和比例要求，用合适的材料和制作技能，建筑模型能够更直观体现建筑的形态造型，也更能够被公众所接受和理解。

建筑模型相对于绘画手段更能够表现建筑复杂的三维形体造型，人们可以围绕模型动态观察，特别是对于一些复杂的有机造型，模型的表现力是很大的。

但是模型的制作比绘画也更复杂，更不容易修改，因此模型也更多用于表现建筑设计方案成果。

图 1-3-3　建筑模型

1.3.2 数字化表现手段

随着计算机技术的发展，计算机图形图像技术在建筑表现中的应用也快速发展起来。早期的计算机图形图像技术着重于工程图纸的绘制，如今逐渐发展到通过建立数字化的三维模型进行渲染表现。

图1-3-4　计算机渲染建筑表现图

与手工绘制建筑表现图不同，计算机表现首先以建立数字化三维模型为基础，然后给三维模型赋予颜色纹理等材质属性，再设置一定的虚拟灯光产生照明效果，就可以使用虚拟的摄影机进行观察和成像。

数字模型建立完成以后，在计算机中就可以像在现实中一样对模型进行拍摄。如果像摄影那样以一定的位置、角度、构图、明暗等摄影艺术原则获取一幅精心制作的图像，这就是计算机绘制的渲染图。

与传统的水彩或水粉手工渲染相比，计算机渲染有很多优势：首先是计算机渲染更为准确逼真。计算机的渲染以精确的计算机模型为基础，使用科学的方法产生精确的透视和色彩效果，类似摄影接近客观表达。其次是便于修改调整。无论是修改建筑模型还是调整视角和照明效果，计算机渲染可以很快就产生一幅新的画面。

当然，如果仅仅使用计算机渲染获取一幅效果图，特别是在建筑设计早期的初步构思阶段，其与手工徒手草图的简单快捷相比还是有些弱点：首先是对于硬件设备的依赖。手工徒手草图在特殊条件时用树枝画在略加平整的沙土地面上就能够表现和交流，而与之相比，计算机设备再普及也还是十分昂贵，计算机操作技能再普及也还是难以与徒手画线条技能相比。其次就是计算机渲染首先就需要建立三维模型，在计算机中建立三维模型并赋予材质灯光至今还不如手工勾勒线条方便，正是由于计算机工作的精确性使得很多建筑设计前期不需要精确定义的部分无法回避，而徒手操图则可以方便灵活，迅速绘出大致形体。近年已经出现一些模拟建筑师绘制草图的软件，但也只是简化了一些建模的过程，还不能识别线条绘制的三维形体。

PERSPECTIVE

沿路透视

YAN CHENG CHANG QU ZONG HE FU WU LOU

图 1-3-5　计算机绘制的"草图"

计算机渲染的优势在建立完成三维模型以后则大大地体现出来。计算机可以快速生成一系列画面对建筑模型进行动态表现。以大于每秒15幅的速度播放连续变化的画面就形成了动画。

计算机制作的建筑动画不仅可以通过连续改变视点来表现建筑三维形体的空间关系，还可以改变照明以研究建筑日照阴影的变化。对于建筑上一些特别重要的活动构件，如体育场馆的大型活动屋顶，也适合使用计算机动画来加以表现。

动画一旦渲染完成，人们只能够通过播放来被动地观看，尽管使用计算机多媒体技术可以有选择地控制播放，但这种互动还是相当有限的。能够实时交互的虚拟现实技术在最大程度上提供了人们对于建筑的互动体验的可能性。

图 1-3-6　虚拟现实等比例显示环境

数字化手段表现建筑很大程度上使得建筑的表现更为全面更为准确，作为建筑表现手段的强有力的补充，可以使得包括传统手工表现手段在内的建筑表现在建筑设计过程中发挥更大作用。

1.4 3ds MAX

在众多用于数字化表现建筑三维形态的软件中，3ds MAX 目前是被使用较为广泛的一个三维动画渲染软件。由于该软件对硬件配置要求相对较低，操作相对简单，成为学习计算机渲染表现建筑三维空间的入门软件。

图 1-4-1　3ds MAX 9.0 软件

1.4.1 软件的历程与主要特点

在 90 年代初，个人计算机的操作系统还处于 DOS3.0 时代，3D Studio 2.0 作为少数几个能够在个人计算机上运行的三维动画渲染软件开始被应用在一些简单的三维动画制作之中。Autodesk 公司收购了 3D Studio 并在 1994 年推出的 3D Studio 4.0 成为当时个人电脑上较为成功的三维软件之一，它相对简单的操作和对硬件较低的要求使它在个人计算机上迅速普及，也成为当时国内较为流行的三维软件。但是随着计算机业及 Windows 9x 操作系统的进步，使在 DOS 系统上运行的 3D Studio 4.0 在颜色深度、内存、渲染和速度上存在严重不足，同时，基于专业工作站的大型三维设计软件 Softimage、Lightwave、Wavefront 等在电影特技行业的成功使 3D Studio 的技术显得日益落后。在 1996 年 4 月，随着 Windows 95 的面世，Autodesk 公司推出了针对 Windows 及 NT 的 3ds MAX 1.0。从 1997 年到 1998 年，Autodesk 公司又陆续推出了 3ds MAX 2.0 面向建筑设计满足建筑建模需要的 3ds VIZ 和 3ds MAX 2.5 的版本。3ds MAX 2.0 对 1.0 做了一千多处改进，3ds MAX 2.5 对 2.0 做了五百多处改进。以往专业工作站独享的 NURBS 建模现在 3ds MAX 也有，设计师可通过其自由创建复杂的曲面；上百种新的光线及镜头特效充分满足了设计师的需要；支持 OpenGL 硬件图形加速既提高品质又加快着色速度等等，使 3ds MAX 在某些方面几乎超过了专业图形工作站的专用软件。

在随后的升级中，3ds MAX 不断把优秀的插件整合进来，在 3ds MAX 4.0 版中将以前单独出售的 Character Studio 并入；5.0 版中加入了功能强大的 Reactor 动力学模拟系统，全局光和光能传递渲染系统；而在 6.0 版本中则将电影级渲染器 Mental Ray 整合了进来。

作为 3D Studio DOS 版本的超强升级版，3ds MAX 在几年中发展很快，迅速从 1.0 发展到现在 9.0 版，同时伴随计算机硬件（如 CPU、GPU）的迅猛发展，使个人计算机在三维制作上直逼专业图形工作站。因为 3ds MAX 对硬件的要求不太高，能稳定运行在 Windows 操作系统上，容易掌握，且由于早期用户较多，使得国内的参考书也较多。3ds MAX 同 MAYA、Lightwave、Softimage 相比，在三维制作上各有所长，原先 3ds MAX 在渲染上稍显不足，但随着这几年的发展，3ds MAX 大大改进并弥补了这一缺点。

3ds MAX 有非常好的性能价格比，它提供相对强大的功能却不需要专业的图形工作站，一般的制作公司就可以承受得起，这样就可以使作品的制作成本大大降低，它对硬件系统的要求相对较低，一般普通的配置已经可以满足学习的需要了。

3ds MAX 的制作流程较简洁高效，可以使初学者很快地掌握其基本功能，只要保持操作思路清晰，熟练掌握并运用该软件是非常容易的。

3ds MAX 在国内拥有很多的使用者，便于交流，教程也很多，随着互联网的普及，关于 3ds MAX 的论坛在国内也相当热闹，运用中出现问题完全可以在网上交流解决。

作为一个三维软件，3ds MAX 是一个集建模、材质、灯光、动画和各项扩展功能于一身的软件系统。

在建模方面，3ds MAX 拥有大量多边形工具，通过历次改进，已经实现了低精度和高精度的模型制作。

在材质方面，3ds MAX 使用材质编辑器，可以方便地模拟出任意复杂的材质，通过对 UVW 坐标的控制能够精确地将纹理匹配到模型上，还可以制作出具有真实尺寸的建筑材质。

在灯光方面，3ds MAX 使用了多种灯光模型，可以方便地模拟各种灯光效果。目前还支持光能传递功能，能够在场景里制作出逼真的光照效果。

在动画方面，3ds MAX 中几乎所有的参数都可以制作为动画。除此之外，可以对来自不同 3ds MAX 动画的动作进行混合、编辑和转场操作，可以将标准的运动捕捉格式直接导入给已设计的骨架。拥有角色开发工具，布料和头发模拟系统，以及动力学系统，可以制作出高质量的角色动画。

在渲染方面，3ds MAX 近年来极力弥补了原来的不足，增加了一系列不同的渲染器，可以渲染出高质量的静态图片或动态图片序列（动画）。

在扩展功能方面，3ds MAX 通过制作 MAX Script 脚本，可以在工具集中添加各种功能，从而扩展用户的 3ds MAX 工具集，或是优化工作流程。同时，3ds MAX 还拥有软件开发工具包（SDK），可以用编程的方法直接创建出高性能的定制工具。

3ds MAX 具有以上各种功能的同时也有很多区别于其他三维软件的特点，这些特点可以很快使初学者对 3ds MAX 有个总体的感性认识。

3ds MAX 的首要特点是它的图形界面控制体系，它很好地继承了 Windows 的图形化的操作界面，在同一窗口内可以非常方便地访问对象的属性、材质、控制器、修改器、层级结构等，不再如早期的 3DS 及 Softimage 等软件那样需要在不同模块窗口之间频繁地切换。

作为建筑渲染常用软件之一，3ds MAX 的另一个特点就是它的参数化控制。在 3ds MAX 里，所有网格模型及二维图形上的点都有一个空间坐标，坐标数值可以通过输入具体参数来控制，这一点在建筑应用上尤为重要。

3ds MAX 还可以和在建筑设计中应用广泛的 Auto CAD 实现无缝连接，两种软件在交换文件时，可以做到尺寸和单位的统一。

3ds MAX 的再一个特点是即时显示，即"所见即所得"。对于对象所作的修改操作都可以在窗口中实时地看到结果，而在配置更加高的机器上，一些高级属性的修改，如环境中的雾效，材质的反射及凹凸也可以实时地看到结果，同时也更加接近渲染后的最终效果。

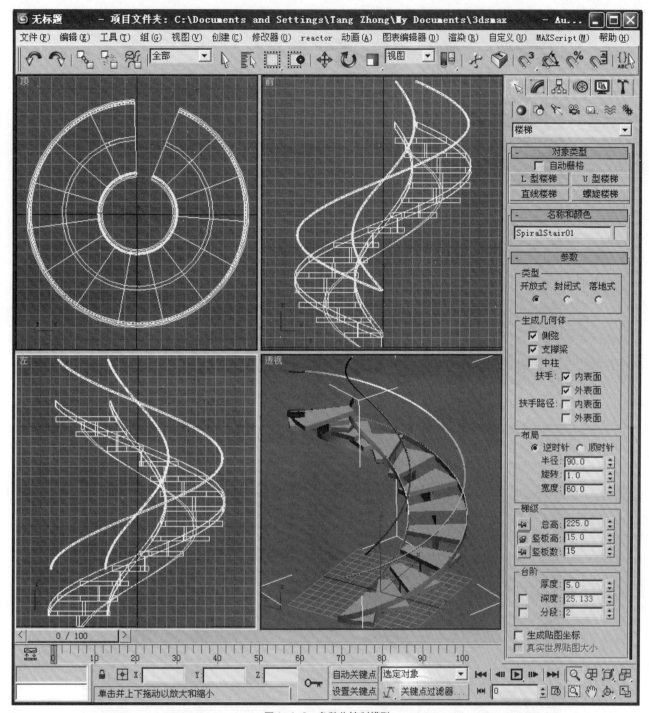

图 1-4-2　参数化控制模型

这一特性使得设计上更加直观和方便。由于贴图调整结果是实时显示的，工作效率得到极大的提高。

　　3ds MAX 还有个特点是它的扩展性。从早期的 3DS 4.0 开始，就有特效外挂程序 IPAS 软件包，专门处理类似粒子系统、特殊变形效果、复杂模型生成等一系列难以在 3DS 中实现的功能。在 3ds MAX 的历次版本进化的过程中，许多功能也是从无到有，由弱变强，在这

个过程里外部插件的发展起着至关重要的作用。以渲染为例，早期 3D Studio 只有一种渲染方式，如果需要渲染出更加逼真的效果就只能依靠其他软件来实现，随着外挂软件的不断发展，最终在 6.0 版本中融合进了 Mental Ray 渲染器作为其内置扩展功能，渲染效果大大改善。

使用默认 3ds Max 扫描线渲染的场景

使用 mental ray 渲染器渲染的同一个场景

图 1-4-3　Mental Ray 渲染器

　　3ds MAX 是一个集多种特有的功能和特性于一体的　　　在这个三维世界中的乐趣。
软件体系，在后面的学习中，我们将慢慢体会到徜徉

1.4.2 软件在建筑表现中的应用

在应用范围方面，拥有强大功能的 3ds MAX 被广泛地应用于电视及娱乐业中，比如片头动画和视频游戏的制作。在影视特效方面也有一定的应用。而在国内发展的相对比较成熟的建筑效果图和建筑动画制作中，3ds MAX 的使用率很高。根据不同行业的应用特点对 3ds MAX 的掌握程度也有不同的要求，建筑方面的应用相对来说要局限性大一些，它只要求单帧的渲染效果和环境效果，只涉及比较简单的动画。因此在建筑设计领域，我们所需要掌握的软件功能只占 3ds MAX 所有功能中很小的一部分。

图 1-4-4　3ds Max 制作的计算机游戏角色

早期 3DS 首先被用于制作单幅的静态建筑效果图。当时的 3DS 还不能够建立精确的三维模型，建筑模型通常先在工程绘图软件如 AutoCAD 中建立起来，然后再转换数据导入到 3DS 中去赋予材质、设置灯光和摄影机，最后进行渲染。如今，尽管 3ds MAX 已经具备了建立精确三维模型的功能，很多情况下还是会"浪费"其建模功能，而仅仅使用其渲染工具。

3ds MAX 软件可以制作出几乎乱真的计算机图像，可以在耗用大量资源建成建筑之前就先得到建筑建成以后的图像。这对于建筑设计的意义是很大的。在建筑设计与建筑表现的关系中可以看到，建筑设计过程中需要不断地把建筑设计人员头脑中想象的建筑设计方案用通俗易懂的方式表达出来，与很多非建筑专业的人士进行交流。对于普通公众，一张或一系列建筑建成以后的照片是最容易理解的。同时，静态图像也是最容易通过大众媒体传播的，可以在更广大的范围之中进行信息的交流。因此，目前几乎所有建设项目实施之前都会制作一张或一系列静态的计算机渲染效果图，对建筑设计方案进行逼真的表现。

3ds MAX 更是一款功能较为完善的三维动画软件。在对制作静态渲染图的建筑模型进行完善和优化以后，很容易通过进一步的调整，设置关键画面，最后由计算机渲染出连续的画面形成动画。除了通过改变摄影机的位置、镜头等产生行进在建筑空间之中的游览动画以外，3ds MAX 软件也能同时调整照明灯光，产生动态的光影变化以观察建筑在不同照明条件下的状态和对周围环境的影响。如果需要，建筑模型和材质也可以在动画过程中进行变化，用来表现建筑的建设或改造过程。

3ds MAX 还可以以 VRML97 格式导出模型，这样也可以成为一个初级的虚拟现实软件。另外，通过一些第三方软件或插件，利用 3ds MAX 的模型、材质、灯光等，也可以产生可以交互浏览的虚拟现实场景。很多专业的虚拟现实软件也会接受 3ds 格式的模型作为进一步制作虚拟现实的基础。

图 1-4-5　VRML97 虚拟现实

在建筑中的实际应用中，前面叙述 3ds MAX 的几个主要特点也得到充分发挥，这主要体现在建模和制作材质两个过程中。

由于它和 AutoCAD 之间的高度兼容性，使得 CAD 图形可以方便地转换到 3ds MAX 中，并且保持 CAD 图形的尺度和比例。在多数情况下，建筑表现都是以这种与 CAD 结合的方式来进行建模工作的。

在材质方面，由于 3ds MAX 的贴图坐标可以参数化控制，因此用它来模拟最终材料效果还是相对准确的。比如一堵砖墙或一块花岗岩的地面材料，可以按照实际尺寸和位置定义贴图坐标，可以以此作为设计甚至施工依据。

在建筑设计领域，3ds MAX 给予使用者发挥想象力的极大空间。材质和模型随时根据参数而变化，使得建筑设计在虚拟空间里得到及时的反映。在设计方案的演进和更改中，作为设计思考方式的一种延展，它的实时修改极大地增强了灵活度和可操作性。

除了众多外挂程序可利用外，还可以通过类似 Max Script 这样的环境来编写实用程序，实现某些特定功能。对于某些特殊情况，比如在建筑动画中控制群体动画的情况，如果手工一个个去设置关键帧将是一件费力不讨好的事，这就需要使用 Max Script 语言来编写脚本控制动画；再比如在结构工程师建模时，简单的构件如螺栓，复杂的如张拉膜等，都可以通过编写脚本来实现快速生成。可以说通过 Max Script，很多繁琐复杂的工作都可以以程序的方式来完成。

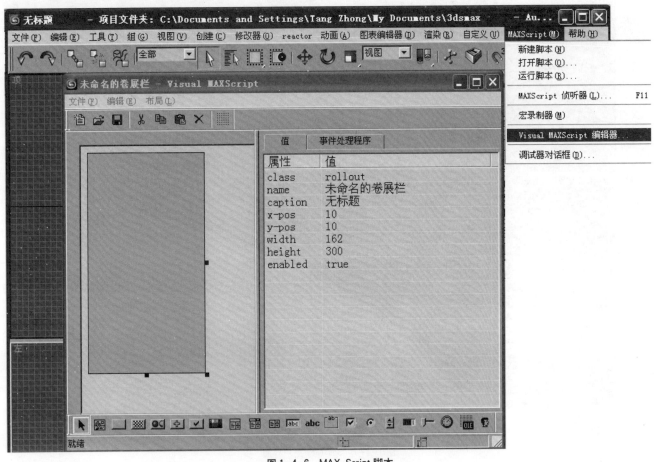

图 1-4-6　MAX Script 脚本

作为一个被较为广泛应用于建筑表现的软件，3ds MAX 软件操作过程中与同类软件采用相似的建模、设置摄影机、灯光和材质的方法，可以成为建筑设计人员初步学习计算机表现建筑的入门软件。通过学习这个软件，可以了解到计算机软件是如何设置摄影机来选择视点和视角、如何设置灯光产生需要的照明状态、如何制作和赋予三维模型材质质感、如何渲染产生静态画面、如何设置关键画面产生动画等等。这些工作在其他类似软件中尽管具体的操作命令会有所不同，但其基本原理是差不多的。学习好这个软件，也就可以为以后学习使用其他更为复杂先进的计算机三维渲染软件奠定一个良好的基础。

1.4.3 软件用户界面

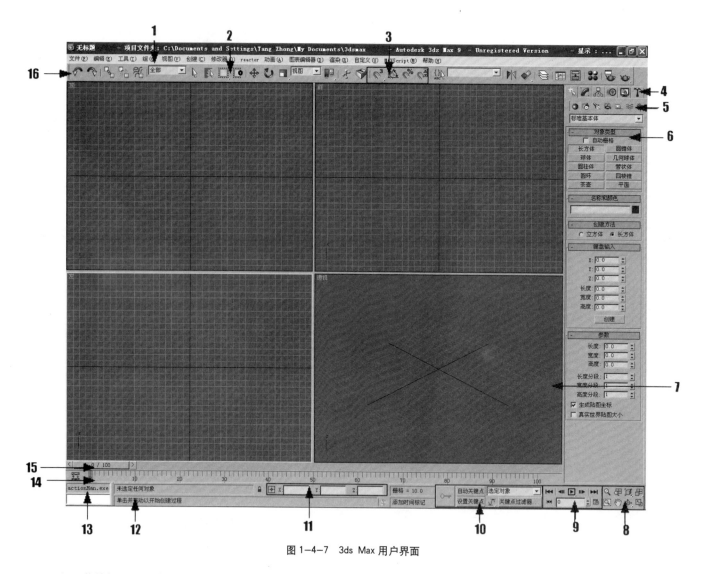

图 1-4-7 3ds Max 用户界面

（1. 菜单栏， 2. 窗口／交叉选择切换， 3. 捕捉工具， 4. 命令面板， 5. 对象类别， 6. 卷展栏， 7. 活动视口，
8. 视口导航控制， 9. 动画播放控制， 10. 动画关键点控制， 11. 绝对／相对坐标切换和坐标显示，
12. 提示行和状态栏， 13. MAX Script 迷你侦听器， 14. 轨迹栏， 15. 时间滑块， 16. 主工具栏）

　　3ds MAX 用户界面中视口占据了主窗口的大部分，可在视口中查看和编辑场景。窗口的剩余区域用于容纳控制功能以及显示状态信息。

　　位于用户界面最上面的是标准的 Windows 菜单栏，带有典型的"文件"、"编辑"和"帮助"菜单。特殊菜单包括：

　　"工具"包含许多主工具栏命令的重复项。

　　"组"包含管理组合对象的命令。

　　"视图"包含设置和控制视口的命令。

　　"创建"包含创建对象的命令。

　　"修改器"包含修改对象的命令。

　　"动画"包含设置对象动画和约束对象的命令，以及设置动画角色的命令（如"骨骼工具"）。

　　"图表编辑器"使用户可以使用图形方式编辑对象和动画："轨迹视图"允许用户在"轨迹视图"窗口中打开和管理动画轨迹，"图解视图"提供给用户另一种方法在场景中编辑和导航到对象。

"渲染"包含渲染、Video Post、光能传递和环境等命令。

"自定义"让用户可以使用自定义用户界面的控制。

"MAX Script"有编辑 MAX Script(内置脚本语言)的命令。

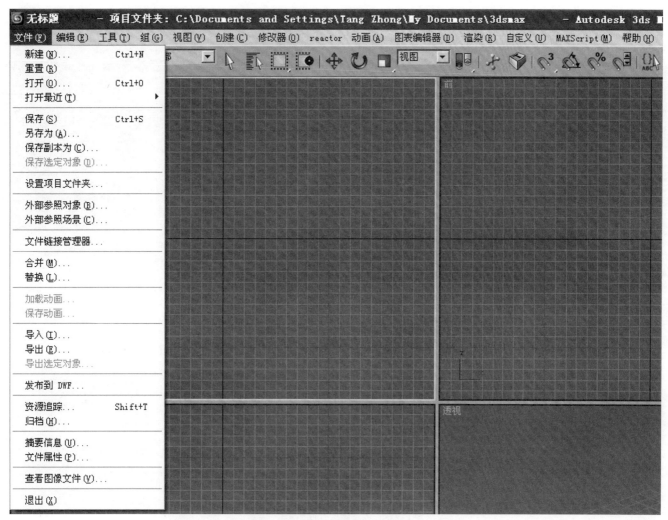

图1-4-8 菜单栏

默认情况下位于用户界面右侧的命令面板是"创建"、"修改"、"层次"、"运动"、"显示"、"工具"六个面板的集合，可以访问绝大部分建模和动画命令。命令面板也可以被拖放至任意位置。

"创建"面板提供用于创建对象的控件。"创建"面板将所创建的对象种类分为 7 个类别。每一个类别有自己的按钮。每一个类别内可能包含几个不同的对象子类别。使用下拉列表可以选择对象子类别，每一类对象都有自己的按钮，单击该按钮即可开始创建。

"创建"面板提供的对象类别如下：

"几何体"是场景的可渲染几何体。有像长方体、球体、锥体这样的几何基本体，以及像布尔、阁楼、粒子系统这样的更高级的几何体。

"形状"是样条线或 NURBS 曲线。虽然它们能够在 2D 空间（如长方形）或 3D 空间（如螺旋）中存在，但是它们只有一个局部维度。可以为形状指定一个厚度，以便于渲染，但主要用于构建其他对象（如阁楼）或运动轨迹。

"灯光"可以照亮场景，并且可以增加其逼真感。有很多种灯光，每一种灯光都将模拟现实世界中不同类型的灯光。

"摄影机"对象提供场景的视图。摄影机在标准视口中的视图上所具有的优势在于摄影机控制类似于现实世界中的摄影机，并且可以对摄影机位置设置动画。

"辅助对象"有助于构建场景。它们可以帮助用户定位、测量场景的可渲染几何体，以及设置其动画。

"空间扭曲"在围绕其他对象的空间中产生各种不同的扭曲效果。一些空间扭曲专用于粒子系统。

"系统"将对象、控制器和层次组合在一起，提供与某种行为关联的几何体，也包含模拟场景中阳光的"太阳光"和"日光"系统。"修改"包含修改器和编辑工具。

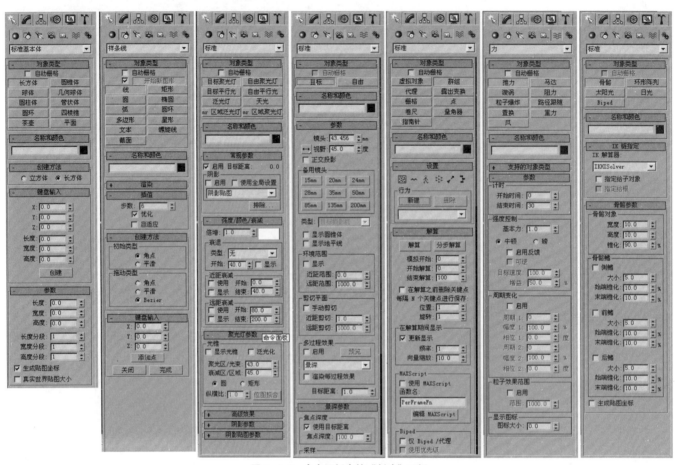

图1-4-9 命令面板中的"创建"面板

通过 3ds MAX 的"创建"面板，可以在场景中放置一些基本对象，包括3D几何体、2D形状、灯光和摄影机、空间扭曲以及辅助对象。这时，可以为每个对象指定一组自己的创建参数，该参数根据对象类型定义其几何和其他特性。放到场景中之后，对象将携带其创建参数。可以在"修改"面板中更改这些参数。

也可以使用"修改"面板来指定修改器。修改器是重新整形对象的工具。当它们塑造对象的最终外观时，修改器不能更改其基本创建参数。

使用"修改"面板可以执行以下操作：更改现有对象的创建参数；应用修改器来调整一个对象或一组对象的几何体；更改修改器的参数并选择它们的组件；删除修改器；将参量对象转化为可编辑对象。

除非通过单击另一个命令面板的选项卡将其消除，否则"修改"面板将一直保留在视图中。当选择一个对象，面板中选项和控件的内容会更新，从而只能访问该对象所能修改的内容。

可以修改的内容取决于对象是几何基本体（如球体）还是其他类型对象（如灯光或空间扭曲）。每一类别都拥有自己的范围。"修改"面板的内容始终特定于类别及选定的对象。从"修改"面板进行更改之后，可以立即看见传输到对象的效果。

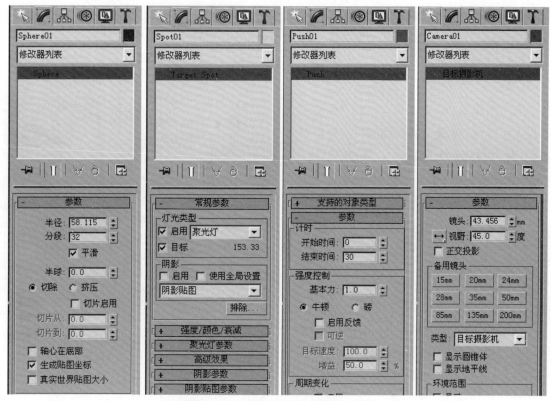

图1-4-10 命令面板中的"修改"面板

使用修改器堆栈控件可以更改或删除修改器。

通过"层次"面板可以访问用来调整对象间层次链接的工具。通过将一个对象与另一个对象相链接，可以创建父子关系。应用到父对象的变换同时将传递给子对象。通过将多个对象同时链接到父对象和子对象，可以创建复杂的层次。

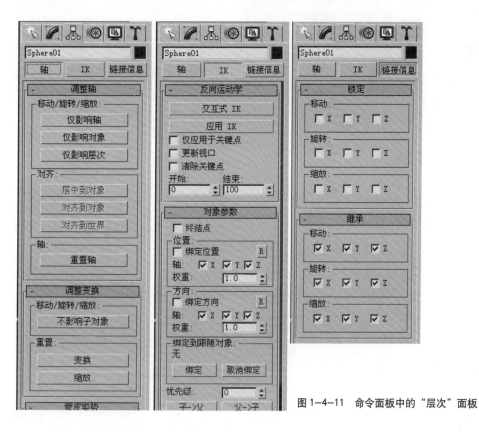

图1-4-11 命令面板中的"层次"面板

21

"运动"面板提供用于调整选定对象运动的工具。例如，可以使用"运动"面板上的工具调整关键点时间及其缓入和缓出。"运动"面板还提供了"轨迹视图"的替代选项，用来指定动画控制器。

如果指定的动画控制器具有参数，则在"运动"面板中显示其他卷展栏。如果"路径约束"指定给对象的位置轨迹，则"路径参数"卷展栏将添加到"运动"面板中。"链接"约束显示"链接参数"卷展栏，"位置 XYZ"控制器显示"位置 XYZ 参数"卷展栏等等。

图1-4-12 命令面板中的"运动"面板

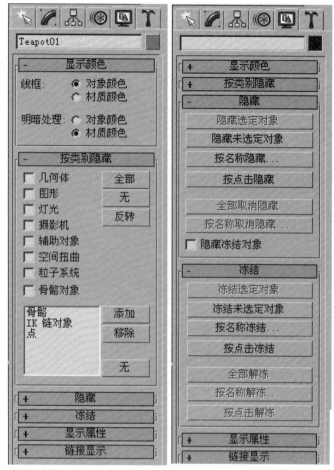

图1-4-13 命令面板中的"显示"面板

通过"显示"面板可以访问场景中控制对象显示方式的工具。使用"显示"面板可以隐藏和取消隐藏、冻结和解冻对象、改变其显示特性、加速视口显示，以及简化建模步骤。

使用“工具”面板可以访问各种工具程序。　　3ds Max 工具作为插件提供。

图 1-4-14　命令面板中的“工具”面板

视口下方是用于动画制作时的“时间滑块”。“时间滑块”显示当前帧并可以通过它移动到活动时间段中的任何帧上。

在“时间滑块”下方是“轨迹栏”。“轨迹栏”提供了显示帧数（或相应的显示单位）的时间线。这为

用于移动、复制和删除关键点，以及更改关键点属性的轨迹视图提供了一种便捷的替代方式。选择一个对象，可以在轨迹栏上查看其动画关键点。轨迹栏还可以显示多个选定对象的关键点。

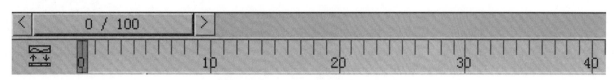

图 1-4-15　“时间滑块”与“轨迹栏”

"状态栏"位于 3ds Max 窗口底部。左边有一个到 MAX Script 侦听器的两行接口。其右侧依次是显示选定对象的类型和数量的"状态行"、提供有关场景和活动命令的"提示行"、"选择锁定切换"按钮、"绝对／相对坐标切换"按钮、坐标显示区域。

"坐标显示"区域显示光标的位置或变换的状态，并且可以输入新的变换值。其右侧为显示栅格方格大小的"栅格设置显示"和可以指定给动画中的任何时间点的文本标签"时间标记"。

图 1-4-16 "状态栏"

"动画控件"以及用于在视口中进行动画播放的"时间控件"。位于"状态栏"和"视口导航控件"之间。

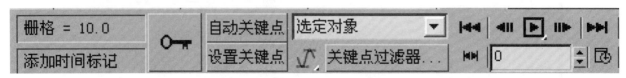

图 1-4-17 "动画控件"和"时间控件"

"视口导航控件"包含可以控制视口显示和导航的按钮。一些按钮针对摄影机和灯光视口而进行更改。"视野"按钮将针对"透视"视口进行更改。

导航控件取决于活动视口。透视视口、正交视口、摄影机视口和灯光视口都拥有特定的控件。正交视口是指"用户"视口及"顶"视口、"前"视口等。"所有视图最大化显示"弹出按钮和"最大化视口切换"在所有视口中都可用。

图 1-4-18 "视口导航控件"
（透视和正交视口控件、摄影机视口控件、灯光视口控件）

第二章　三维模型

在本系列教材《计算机辅助建筑表达与分析》中已经介绍了如何使用AutoCAD软件建立精确的建筑三维模型，本章将首先介绍如何将AutoCAD软件建立的三维模型导入至3ds MAX软件。另外还将介绍3ds MAX软件本身具有的建立三维模型的一些方法，以及其他一些获取建筑三维模型的方法。

2.1 导入 AutoCAD三维模型

建筑三维模型来源于建筑设计，而建筑设计通常使用类似AutoCAD这类工程设计软件，因此其三维模型也会由AutoCAD来创建。尽管AutoCAD正不断完善其渲染功能以摆脱其对其他渲染类软件的依赖，但在渲染的艺术效果和表现力方面还是不及3ds MAX这类艺术渲染软件。同样，尽管3ds MAX也有建立三维模型的功能，但是其终究不是工程设计软件。由此在AutoCAD软件来进行精确的工程设计和建立精确的三维模型，然后导入到3ds MAX软件中进行渲染表现成为传统而有效的工作方法。对学习计算机辅助设计的人员来说，通过这样的方法可以体会这两类软件的异同，加深对计算机辅助设计软件的理解。

2.1.1 工程制图软件与渲染绘图软件比较

CAD(Computer Aided Design)计算机辅助设计软件是一个十分笼统的念，所有可以辅助设计各个过程的软件都可以称之为CAD软件，包括数据库、计算、绘图、表现，甚至包括文字处理等办公类软件。因为设计是一个十分复杂的创作过程。在这些过程中，绘图起着十分重要的作用。因而计算机辅助设计软件在很多情况下被狭隘地理解为计算机辅助绘图（Computer Aided Drawing，CAD)软件。

在计算机辅助绘图软件绘制的图中，又可分为矢量和点阵两大类。矢量图的特点在于图形的元素由其控制点的空间几何坐标位置决定，点阵图的特点在于其图像是由一系列紧密排列的点来构成。以简单的一根直线为例：矢量图中的直线由构成这根直线的两个端点的空间几何坐标位置决定(X1, Y1；X2, Y2)。而在点阵图中，一根直线由一排紧密排列的点构成。在矢量图中，由于只是记录这些坐标信息，因而图形大小是不受限制的，可以在软件中无限缩放。而在点阵图中，其图像的大小是由构成这幅图像的总的像素的点数控制，放大到一定程度就会看出这些点来。

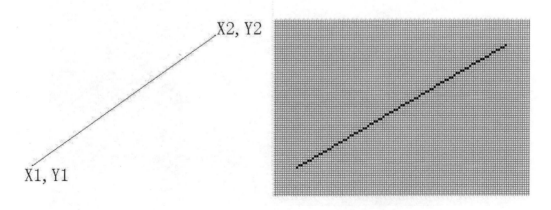

图2-1-1　矢量图（左）与点阵图（右）中的直线表现

25

工程制图软件（如AutoCAD、MicroStation等）与渲染绘图软件(如3D Studio)在操作过程中都是以矢量方式控制图形，而图像处理软件（如PhotoShop）则是编辑和绘制点阵图像。

工程制图软件绘制的矢量图将会被用于其设计的作品的建造或制造。在目前的国内建筑界，还是需要打印出符合国家制图标准的施工图纸。在前期CAD学习中我们已经体会到AutoCAD软件的精确性及可计量性。用AutoCAD等这类工程矢量计算机辅助设计软件来建立三维模型的优点还在于可以与设计过程很好地融合在一起，使得设计过程与绘图过程能够很好地结合。

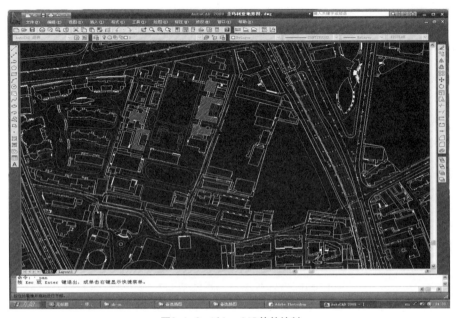

图2-1-2　以AutoCAD软件绘制

渲染绘图软件起初并没有准备用于工程设计与表达，它是设计了让艺术家用于进行艺术创作的展示工具，借助这一类软件，艺术家可以通过计算机的辅助建立逼真的渲染图和制作动画来表达艺术创作的想法或讲述一个故事。本教材就将介绍如何逼真地、艺术地表现一个尚未建造的建筑。在艺术家从事艺术创作之初并没有十分精确的尺寸概念，一般的艺术品也不会需要十分精确的尺寸，艺术创作更需要灵活的造型能力和丰富的表达能力，这也是当初渲染绘图软件没有十分精确尺寸输入造型的原因。

图2-1-3　以3ds MAX绘制

2.1.2 AutoCAD 与 3ds MAX 数据格式转换

由于工程制图软件与渲染绘图软件在操作过程中都是以矢量方式控制图形，因此可以互相交换文件中所包含的矢量图形的空间坐标信息。

不同的软件会以自己独特的方式对文件中的信息进行编码。同一个软件在其发展过程中也会适当调整其文件编码方式以利于其在文件中包含更多软件新增加功能所产生的新的信息类型。

要在不同软件之间转换数据就需要这些软件具备输出或读取其他软件生成的文件格式的功能。这种转换类似于人类两种语言之间的翻译。

还有一种比较复杂的情况是在某些情况下，两个软件之间没有直接的输出或读取对方文件格式的功能，这时候就需要寻找双方能够共同支持的一种第三方文件格式。这就像在翻译中，有些小语种与汉语之间没有直接的语言交流，但可以通过双方都能理解的语言（比如用英语），通过间接的方式进行信息的交换。

AutoCAD提供了几种用于输出到其他常用软件中的文件格式：Metafile（*.wmf）、ACIS（*.sat）、Lithography（*.stl）、Encapsulted PS（*.eps）、DXX Extract（*.dxx）、Bitmap（*.bmp）、3D Studio（*.3ds）、Block（*.dwg)等。

3ds MAX也可以输入多种其他常用软件的文件格式：3D Studio（*.3ds / *.prj /*.shp）、AutoCAD（*.dwg / *.dxf）、Inventor（*.ipt/*.iam）、Lightscape（*.lsp）、FiLMbox（*.fbx）、IGES（*.igs）、StereoLithography（*.stl）、Adobe Illustrator（*.ai）、VRML（*.wrl / *.wrz)等。

AutoCAD软件没有直接输出3ds MAX软件直接读取的文件格式（*.max）的功能，但有输出3ds MAX软件能直接读取的早期版本的*.3ds格式的功能。而3ds MAX软件能导入AutoCAD软件产生的文件格式(*.dwg / *.dxf)。

图2-1-4 导入文件格式

27

要成功并有效地在3ds MAX场景中使用AutoCAD 对象，必须正确准备文件。需要注意AutoCAD图形的层管理，冻结不必要的层并删除不必要的对象以防止它们被导入，清理掉2D AutoCAD图形。

使用 AutoCAD创建的图形或模型可能会使CAD图形中的对象和图形原点之间的距离过大或对象放置的位置离图形原点非常远，会产生大比例图形而引起问题。需要启动AutoCAD "移动"命令，选择整个图形并且当要求指定基准点时，拾取靠近图形中心的点。当要求指定置换的第二个点时，输入坐标 0,0,0 并按Enter键。这会将所有对象移向原点，并使3ds MAX能够更为精确地确定位置数据。

AutoCAD 图形中使用的单位必须与3ds MAX场景中使用的单位相匹配。可以让场景采用AutoCAD文件中使用的单位系统，也可以在将对象导入 3ds MAX时重缩放对象。

默认情况下，3ds MAX中的光度学灯光设置为将国际单位用作其单位比例。如果重缩放对象并使用光度学灯光，则必须更改"单位设置"对话框中的"照明单位"值，以允许进行适当的平方反比衰减计算。

删除不必要的对象最有效的方法是使用AutoCAD的"Wblock"命令。在冻结不必要的层以后选择AutoCAD文件中可见的三维模型，用"Wblock"命令将其转存成新文件可以避免导入很多不可见和不需要的元素。

AutoCAD多段线（PLine）创建2D图形，如果绘制正确可被快速挤出成大型的实体曲面，所谓正确就是要求多段线在AutoCAD图形中必须闭合。方法就是选择该多段线后在AutoCAD命令行上，输入Pedit，然后按Enter键。输入C以执行"闭合"，然后按Enter键两次。如果AutoCAD中有数条多段线必须闭合，则在命令行上输入Pedit，然后按Enter键。输入M以允许多个选择并选择需要闭合的所有多段线。

3ds MAX中导入几何体时，使用"文件"菜单上的"导入"命令，在大多数情况下，将显示一个对话框，询问您是否要将导入的几何体添加到场景中，或完全替换场景。

通常，只要响应此对话框，就会显示带有特定几何体选项的第二个对话框，选择文件格式"AutoCAD绘制（*.DWG、*.DXF）"并浏览到AutoCAD对象所在文件夹。导入*.dwg文件。此时出现的第二个对话框是"AutoCAD DWG/DXF导入选项"对话框。

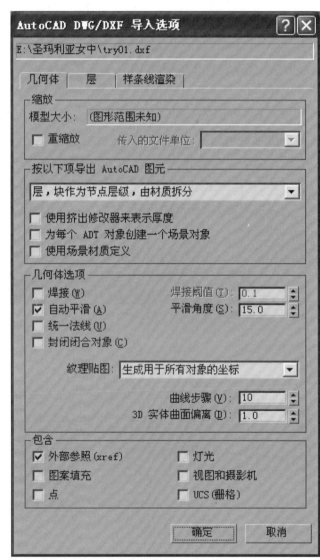

图2-1-5 "AutoCAD DWG/DXF 导入选项"对话框

"AutoCAD DWG/DXF 导入选项"对话框很复杂，包含3层选择面板：几何体、层样条渲染、分别设置相应的调整设置喧响。

"几何体"面板中，"缩放"组包括：模型大小、重缩放、传入的文件单位。如果要导入在离原点很远的地方创建的几何体，或是要导入包含如AutoCAD等工具中很大边框的几何体，3ds MAX视口和变换工具将不能正确地响应。在使用的时候，光标不会平滑地移动。因此要适当控制模型的大小，使场景边框的任何一边不要超过±1,000,000系统单位。

"按以下项导出AutoCAD图元"组用于选择如何导出导入的AutoCAD图元。通常会选择按"层"。这是因为在使用AutoCAD建模时，已经要求按照层来区别不同材质的物体。这样，AutoCAD图形中给定的层上的所有对象如果不在块中，则在导入3ds MAX时都将被合并成为一个"可编辑网格"或"可编辑样条线"对象。每个导入的对象的名称都基于AutoCAD对象的层而定。导入的对象名称前缀为"Layer:"，后面跟随该层的名称。每个块都表示为单个VIZBlock（而不是样条线）。使用场景中的实例表示同一个块的多次插入。材质指定都将丢失而只保留材质ID。

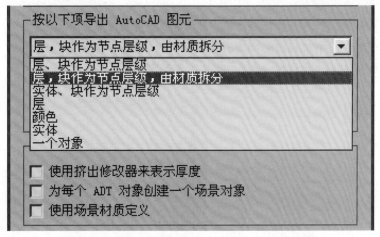

图2-1-6　"按以下项导出AutoCAD图元"各选项对话框

"使用挤出修改器来表示厚度"启用之后，具有厚度的对象接收一个"挤出"修改器来表示厚度值。然后可以访问此修改器的参数并更改高度分段、封口选项和高度值。不能和"层、块作为节点层次"选项共同使用。禁用此项后，具有厚度的对象（和封闭闭合对象）直接转换为网格对象。

"为每个 ADT 对象创建一个场景对象"将Architectural Desktop（ADT）对象作为单个对象导入而不将其分隔成其成分组件。

"使用场景材质定义"启用后，3ds Max 在场景中检查当前使用材质的场景的名称与传入的 DWG 文件中材质的名称完全相同。如果名称相匹配，导入器将不转换图形材质，而是使用场景中定义的材质。

"几何体"面板中，"几何体选项"组包括：焊接、焊接阈值、自动平滑、平滑角度、统一法线、封闭闭合对象、纹理贴图、曲线步数、3D实体曲面偏离。

"焊接"根据"焊接阈值"设置来设置是否焊接转换对象的重合顶点。焊接在重合顶点对象的结合口和统一法线间进行平滑。"焊接阈值"设置用以确定顶点是否重合的距离。如果两个顶点之间的距离小于或等于"焊接阈值"，顶点将焊接在一起。

"自动平滑"根据"平滑角"值来指定平滑组。平滑组用于确定是否将对象上的面渲染为平滑的曲面或在它们的边上显示缝以创建面状外观。"平滑角度"控制在两个相邻的面之间是否发生平滑。如果两个面法线之间的角度小于或等于平滑角，面将被平滑。

在理想的几何原理中，球面或曲面是可以由无数小的平面组合而成的，根据微积分的原理，当这些面的数量趋于无限多时就是一个理想的曲面了。但是在渲染软件中，曲面的分割是有限的，而且为了能够减少后期的渲染运算工作量还要尽可能以较少的分割面来表现圆滑过渡的曲面，这就引入一个表面平滑的概念。当两个相邻的面在其相交的公共边界上相交的角度小于设定的平滑角度（Smooth-angle）值时，在3ds MAX渲染这两个面时就模糊它们的边界，使这两个面看上去光滑地过渡。这样就可以用较少的分割面来表现圆滑过渡的曲面，用连续折线面来替代圆弧面以减少后期运算的工作量，当然其轮廓线还是保持有限的原

先的边界。缺省的30度的角度略大，如果建筑设计中曲面不多的话，可以不选择自动平滑表面选项，在后期用手工在3ds MAX中单独赋予。在实际操作中如果遇到某些面上有特别亮或特别暗的三角面，这就表明这个面的平滑出了问题，需要重新设定。

"统一法线"分析各个对象的面法线并翻转法线，以使法线的方向保持一致。如果导入的几何体没有正确地焊接，或是软件不能确定对象的中心，法线就有可能指向错误的方向。使用"编辑网格"或"法线"修改器以翻转法线。

为了能够区分面在3ds MAX中的正反，使得平时只显示或渲染平面的正面，软件引入了法线（Normal）的概念。以形成平面时各点设定的先后方向依右手法则，四指方向表示各点的形成方向，翘起的大拇指就表示该面的法线方向。

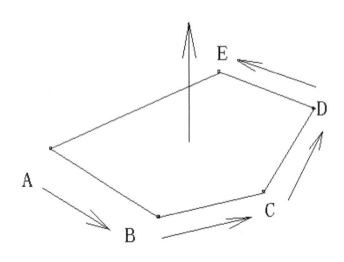

图2-1-7　平面的法线方向

提示：由于在AutoCAD中绘制物体时并不会刻意注意面的法线方向，这样在转换时就要统一法线的方向。在实际操作中由于很多面的法线方向即使统一之后还是很难保证都符合需要，所以一般是通过赋予这些物体双面材质或在显示和渲染时选择强制双面运算（Forced 2-sided）。这样就可以在一定程度上避免关心面的法线方向。

"封闭闭合对象"将"挤出"修改器应用到所有闭合对象中，并启用修改器的"封口始端"和"封口末端"选项。对于不具有厚度的闭合实体，"挤出"修改器"数量"值设置为0。封口使具有厚度的闭合实体显示为实体，而使没有厚度的闭合实体显示为平面。禁用"封闭闭合对象"后，对于具有一定厚度的闭合实体，将禁用"挤出"修改器的"封口始端"和"封口末端"选项。任何修改器都不适用于没有厚度的闭合实体，但是圆、轨迹和实体除外。如果禁用"使用挤出修改器来表示厚度"，挤出修改器不会应用到闭合对象上。

"纹理贴图"纹理贴图设置存储纹理贴图材质的UVW坐标，影响具有很多对象的模型的加载时间。该设置仅应用于场景中作为网格存储的几何体。标记为可渲染的样条线图形在"样条线渲染"面板上具有UVW坐标生成的单独控件。"无贴图坐标"使用时，软件将不会生成所导入网格对象的纹理坐标。"为所有对象生成坐标"选项强迫所有对象生成UVW坐标，但在坐标生成时增加了加载时间。

"曲线步数"调整在导入绘图时，弧或曲线显示的平滑程度。值越大，曲线就越平滑。默认设置是10。

"3D实体曲面偏离"指定从3ds MAX曲面网格到参数3D实体曲面之间允许的最大距离。数值越小，曲面越精确，面数也越多。值越大，曲面越不精确，面数也越少。大多数情况下，默认值已经足够了。默认设置为1.0。

"几何体"面板："包含"组可以在输入进程期间切换绘图文件特定部分的包含。

"外部参照(xref)"将附加的外部参照导入到绘图文件。

"图案填充"从绘图文件导入图案填充。使用此选项可以将填充图案中的每一条线或点作为定义该图案填充的VIZ块的单独组件进行存储，从而可以在场景中创建大量对象。

"点"从绘图文件导入点。导入的点对象在3ds MAX中显示为点辅助对象。

"灯光"从绘图文件导入灯光。

"视图（摄影机）"从绘图文件导入已命名的视图，并将其转化为3ds MAX摄影机。

"UCS（栅格）"从绘图文件导入用户坐标系（UCS），并将其转化为3ds MAX栅格对象。

"层"面板界面与层管理器非常相似。层名称与在绘图文件中指定的名称相同。层列表中显示所有组成图形的层，并显示其状态，如隐藏/显示或冻结/解冻。

"跳过所有冻结层" 在冻结层上进行对象的导入。

"从列表中选择" 用于选择导入的特定层。层名称旁边的复选标记表明将导入该层。单击层以切换复选标记。

"全部"只有在启用"从列表选择"时，"所有"按钮才处于活动状态。从而使您可以迅速选择列表中的所有层。

"无"只有在启用"从列表选择"时，"无"按钮才处于活动状态。从而可以取消选择所有已选中的层。

"反转"只有在启用"从列表选择"时，"反选"按钮才处于活动状态。单击此按钮可反转选择集：将取消选择当前选定的层，并选中未选定的层。

"样条线渲染"面板上的控件在名称和操作方式上与可编辑样条线对象"渲染"卷展栏上的控件相同。这些设置的值适用于所有导入的形状。导入完成后，可以根据需要，针对每个对象更改这些设置。在建筑模型中，很少用到样条线，因而就不在此展开详细介绍。

3ds MAX中还保留旧版DWG导入功能。旧版DWG导入系统具有一些特有功能：AutoCAD基本体转换为3ds MAX基本体；支持文本（虽然不是MText）；导入的块表示为组。

在导入时选择文件格式为"Legcy(旧版)AutoCAD（*.DWG）"此时会出现"导入AutoCAD DWG文件"对话框。

图2-1-8 "导入AutoCAD DWG文件"对话框

层上进行的对象的导入。

"跳过图案填充和点"排除填充图案和点对象的导入。填充图案由许多短线段和点组成。导入填充图案中的所有对象会使3ds MAX场景超载。填充图案作为匿名块存储在绘图中。"跳过图案填充和点"也跳过绘图文件中的任何其他匿名块。无论此设置是什么，都跳过在AutoCAD R14中创建的填充图案。

"组合常见对象"将根据导出对象的方式，将导入的对象放到常见组中。换句话说，该组中包含常见层上的、具有常用颜色等的所有对象。

"几何体选项"组包括：焊接、焊接阈值、自动平滑、平滑角度、统一法线、封闭闭合实体。与"AutoCAD DWG/DXF 导入选项"对话框"几何体"面板中"几何体选项"组一致。

"ACIS选项"组包括曲面偏离值的设置。"曲面偏离"指定从3ds MAX曲面网格到参数ACIS曲面之间允许的最大距离。数值越小，曲面越精确，面数也越多。值越大，曲面越不精确，面数也越少。

使用AutoCAD、Architectural Desktop创建的图形或从Revit导出图形与3ds MAX场景的集成非常紧密。DWG文件可以完全转化并维持其层的一致性，可以控制导入的平稳性、标准统一和几种其他几何体规范。可以导入整个图形、合并特定的层或组件，甚至可以在3ds MAX和AutoCAD之间创建实时链接。

"导入AutoCAD DWG文件"对话框相对简单。"按以下项导出对象"组选择如何导出导入的AutoCAD图元的选项只有简单的3项：层、颜色、实体。

"常规选项"组包括：转化为单个对象、将块转换为组、跳过图案填充和点、组合常见对象。

"转化为单个对象"将绘图文件中的多个对象合成为单个3ds MAX对象。根据当前的"导出对象的依据"设置及对象的3ds MAX对象类型合成对象。合并显式网格对象。合并无Z轴挤出的形状，并合并具有相同Z轴挤出量的形状。为具有不同Z轴挤出量的形状指定"挤出"修改器，且不合并它们。

"将块转换为组"将块实体中的所有对象放入使用该块实体的名称且编号为.01的3ds MAX组中。例如，名为CHAIR的块实体成为名为[CHAIR.01]的组中的3ds MAX对象集合。禁用"将块转换为组"时，块定义被忽略且块插入作为类似于AutoCAD中的爆炸块的单独对象。

"跳过关闭和冻结的层"排除已隐藏或已冻结的

2.2 使用 3ds MAX建模

3ds MAX软件具有非常完善也是十分复杂的建模系统。由于建筑模型建立的依据是设计的建筑，有精确的设计数据，且主要设计工作都在工程设计软件（如AutoCAD、MicroStation等）完成，因此建筑模型主要也是在工程设计软件中精确建立。在本系列教材《计算机辅助建筑表达与分析》中已经介绍了如何使用AutoCAD软件建立精确的建筑三维模型，因此在这里将简单介绍3ds MAX软件本身具有的建立三维模型的一些方法。

3ds MAX软件程序包含大量的标准对象和修改器。通常步骤是先创建标准对象，例如3D几何体和2D图形，然后将修改器应用于这些对象，在场景中建立对象模型。

在"创建"面板上单击对象类别和类型，然后在视口中单击或拖动来定义对象的创建参数，这样就可以创建对象。程序将"创建"面板组织到以下基本类别中：几何体、图形、灯光、摄影机、辅助对象、空间扭曲和系统。每一种类别包含有可以从中进一步选择的多种子类别，例如几何体中又包含标准基本体、扩展基本体、AEC对象、复合对象、粒子、面片栅格等。

从"修改"面板中应用修改器可将对象塑造和编辑成最终的形式。建筑模型中常用的修改有挤出、车削、放样、倒角、弯曲、扭曲等。

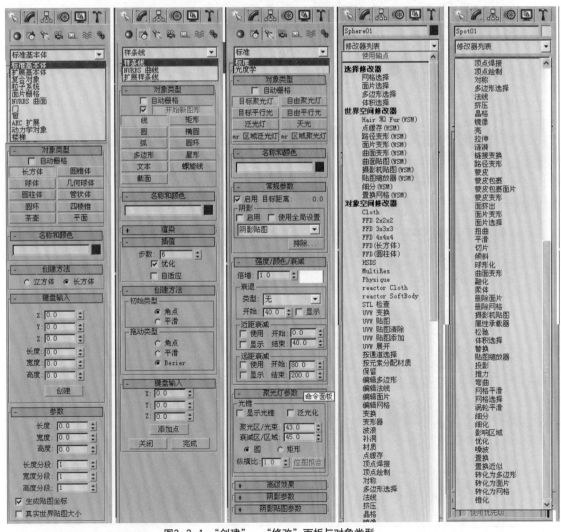

图2-2-1 "创建"、"修改"面板与对象类型

2.2.1 创建标准对象

标准对象是指通过"创建"面板直接建立的对象。许多对象还拥有可以更改的参数，以改变对象的大小和形状。

在建筑模型创建中，3ds MAX软件除了提供常用的有各种基本的三维的几何体、用于通过修改器建立三维几何体的图形与样条线以外，还有一些集成且参数化的建筑构件（墙、门、窗、围栏和植物等）。

基本的三维几何体根据其复杂程度被分为标准基本体、扩展基本体。两个或多个基本的三维几何体对象还可以组合成复合对象。

3ds MAX软件包含10项基础基本体：长方体、圆锥体、球体、几何球体、圆柱体、管状体、环形、四棱锥、茶壶、平面。

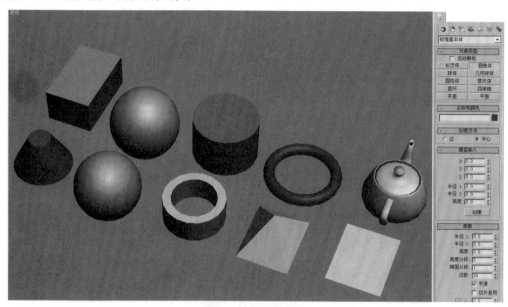

图2-2-2 标准基本体

扩展基本体是3ds MAX软件复杂基本体的集合，有13项：异面体、环形结、倒角长方体、倒角圆柱体、油罐、胶囊、纺锤、球棱柱、L形挤出、C形挤出、环形波、软管、棱柱。

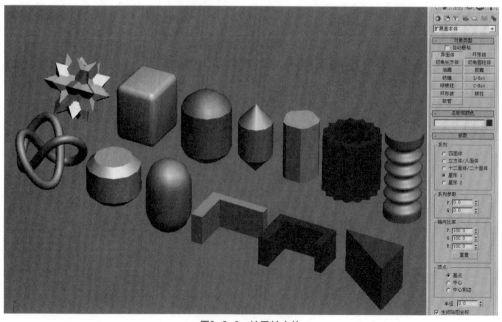

图2-2-3 扩展基本体

在很多时候这些几何体通过设置合适的参数和简单拼接就可以直接构建很多常规的建筑构件。例如长方体可以构成大多数建筑平直的墙面、楼板和方柱子。而一些比较复杂的构建就需要通过一些图形与样条线配合通过修改器中的挤出或放样等工具来构建。

图形是一个由一条或多条曲线或直线组成的对象，在3ds MAX软件"创建"面板上"图形"中包括了这些图形与样条线，被分类为：样条线（含基本图形）、NURBS曲线和扩展样条线。

样条线包括下列对象类型：直线、矩形、圆形、椭圆、圆弧、圆环、正多边形、星形、文本、螺旋线（三维）、截面。

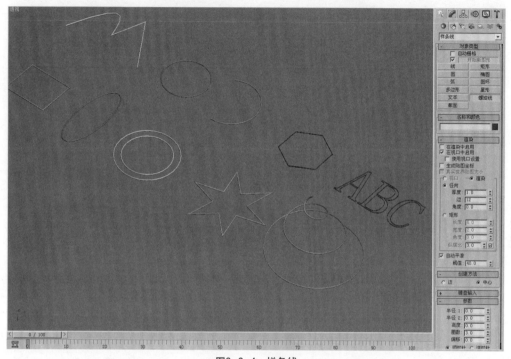

图2-2-4 样条线

"截面"是一种特殊类型的对象，其可以通过网格对象基于横截面切片生成其他形状。截面对象显示为相交的矩形。只需将其移动并旋转即可通过一个或多个网格对象进行切片，然后单击"生成形状"按钮即可基于2D相交生成一个形状。适合用于从建筑模型中生成剖面图。

BB剖面透视图 1:100

图2-2-5 "截面"

NURBS（非均匀有理数B-样条线）包括点曲线和CV曲线。点曲线被约束确定的点上，而CV曲线是由控制顶点（CV）控制的NURBS曲线。CV不位于曲线上。它们定义一个包含曲线的控制晶格。每一个CV具有一个权重，可通过调整它来更改曲线。NURBS曲线经过修改器编辑可以创建出非常复杂的曲面，可用于模拟山地土坡等。

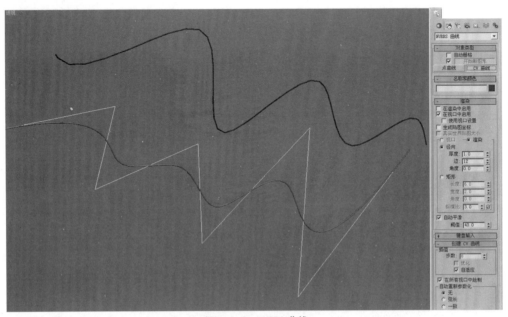

图 2-2-6　NURBS 曲线

扩展样条线包括下列对象类型：WRectangle、通道、角度、三通、宽法兰。

WRectangle代表"walled rectangle"，即通过两个同心矩形创建封闭的形状。与"圆环"工具相似，只是其使用矩形而不是圆。

"通道"创建一个闭合的形状为"C"的样条线。而"角度"创建一个闭合的形状为"L"的样条线。"三通"样条线则创建一个闭合的形状为"T"的样条线。"宽法兰"可创建一个闭合的形状为"I"的样条线。可以通过参数设置垂直腿和水平腿之间的角半径。

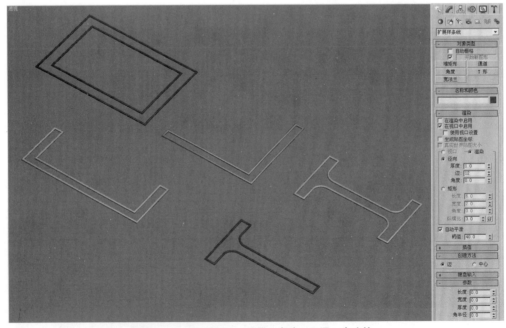

图2-2-7　WRectangle、通道、角度、三通、宽法兰

3ds MAX软件可将两个或多个对象组合成为复合对象，包含下列类型：变形、散布、一致、连接、水滴网格、图形合并、布尔、地形、放样、网格化、ProBoolean、ProCutter。以下介绍一些在建筑表现中比较常用的一些复合对象。

"散布"是复合对象的一种形式，将所选的源对象散布为阵列，或散布到分布对象的表面。适合在建筑环境表现中随机散布植物、人或其他配景。

图2-2-8　散步

"一致"通过将某个对象（称为"包裹器"）的顶点投影至另一个对象（称为"包裹对象"）的表面而创建。一致对象适合于通往山表面的道路和在曲面墙体上的窗等。

图2-2-9　一致

"布尔"通过对其他两个对象执行操作将它们组合起来。几何体的布尔操作包括：并集、交集、差集。

"并集"布尔对象包含两个原始对象的体积。将移除几何体的相交部分或重叠部分。

"交集"布尔对象只包含两个原始对象共用的体积，即重叠的位置。

"差集"布尔对象包含从中减去相交体积的原始对象的体积。

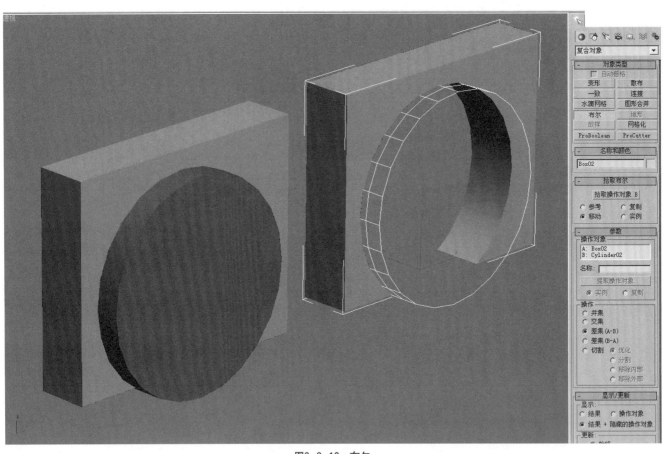

图2-2-10　布尔

"地形"可以通过表示海拔轮廓的可编辑样条线数据创建网格曲面生成地形对象。创建的地形对象还可以以"梯田"表示，使每个层级的轮廓数据都是一个台阶，以便与传统的土地形式研究模型相似。

"地形"对象可以使用任何样条线对象作为操作对象，不管它们是否为水平样条线。尽管最常用的方案是使用海拔轮廓的设置来创建地形，但还是可以通过使用非水平样条线来追加或细化"地形"对象。

为了确保3ds MAX将多义线作为样条线导入，当导入AutoCAD图形文件时，请禁用"导入AutoCAD DWG文件"对话框中"几何体选项"组内的"封闭闭合实体"选项。

图2-2-11　地形

"放样"是从两个或多个现有样条线对象中沿着第三个轴样条线作为路径挤出的二维图形。可以为任意数量的横截面图形创建作为路径的图形对象。该路径可以成为一个框架，用于保留形成对象的横截面。如果仅在路径上指定一个图形，3ds MAX会假设在路径的每个端点有一个相同的图形。然后在图形之间生成曲面。

3ds MAX软件创建放样对象的方式限制很少。可以创建曲线的三维路径，甚至三维横截面。创建放样对象之后，可以添加并替换横截面图形或替换路径。也可以更改或设置路径和图形的参数动画。放样对象还可以转换为NURBS曲面。

除了使用各种几何体"拼凑"出建筑构件并最终建立起整个建筑模型以外，3ds MAX软件还提供一些集成且参数化的建筑构件：植物、围栏、墙、门、窗和楼梯等。

"几何体"面板中的"AEC扩展"对象专为在建

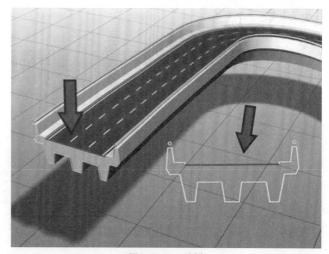

图2-2-12　放样

筑、工程和构造（AEC，Architecture、Engineer、Construct）领域中使用而设计，其中包括：植物、围栏、墙。

"植物"可以快速、有效地创建漂亮的植物，可以控制植物的高度、密度、修剪、种子、树冠显示和细节级别。

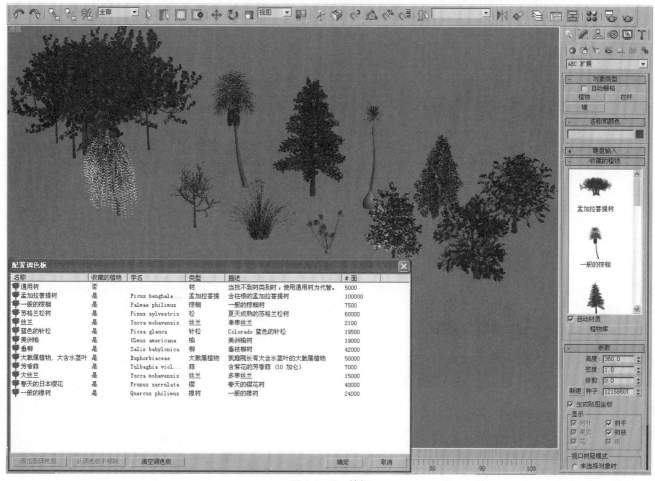

图 2-2-13　植物

"围栏"对象的组件包括栏杆、立柱和栅栏。栅栏包括支柱（栏杆）或实体填充材质，如玻璃或木条。创建围栏对象时，既可以指定围栏的方向和高度，也可以拾取样条线路径并向该路径应用围栏。当

然这样创建出的围栏形式有限，如果要创建经过特殊设计的围栏还需要另外使用各种建模工具用几何体来"拼凑"。

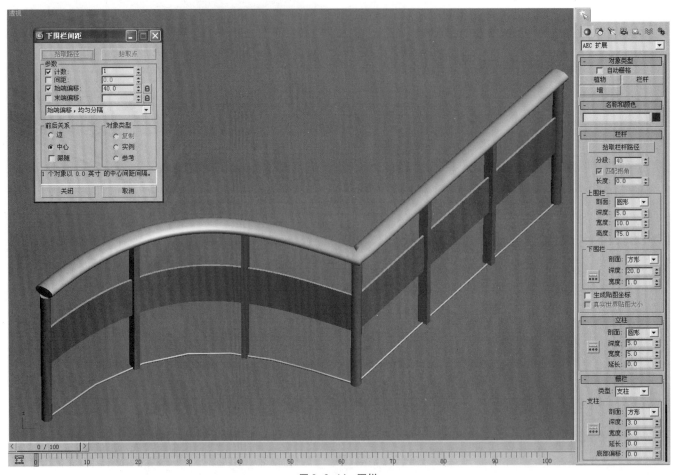

图 2-2-14　围栏

在建筑设计中，建筑学专业意义上的"建筑"（Architecture）与通常意义的"房子"（Building）是有很大区别的。3ds MAX软件提供的墙、门、窗和楼梯模型虽然不一定适合一些特别设计建筑，却很适合很多普通的房子。

使用几何体中的"墙"来创建两个在拐角处相交的墙分段时，3ds MAX软件会删除所有重复的几何体。如果捕捉到墙对象的面、顶点或边，从而直接在墙上创建门和窗，可以自动在墙上开门和开窗。同时，它还将门窗作为墙的子对象链接至墙。

如果移动、缩放或旋转墙对象，则链接的门或窗也会随着墙一起移动、缩放或旋转。如果将链接的门或窗沿墙移动，则可使用门或窗的局部坐标和XY平面的约束运动，门或窗的开口将随之移动。此外，如果在"修改"面板上更改门或窗的总宽度和高度，则门或窗的开口将体现这些更改。

3ds MAX软件"创建"面板中的"几何体"中提供3种类型的门模型（枢轴门、折叠门、推拉门），并可以参数化地控制门外观的细节。还可以将门设置为打开、部分打开或关闭，以及设置打开的动画。

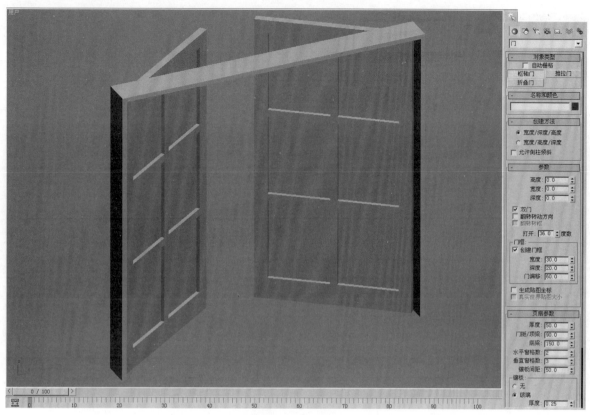

图 2-2-15 门

3ds MAX软件"创建"面板中的"几何体"中提供6种类型的窗模型：平开窗、旋开窗、伸出式窗、推拉窗、固定式窗、遮篷式窗。同门一样也可以控制窗口外观的细节，将窗口设置为打开、部分打开或关闭，以及设置随时打开的动画。

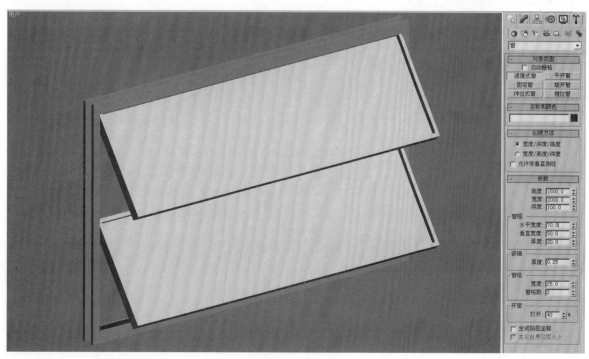

图 2-2-16 窗

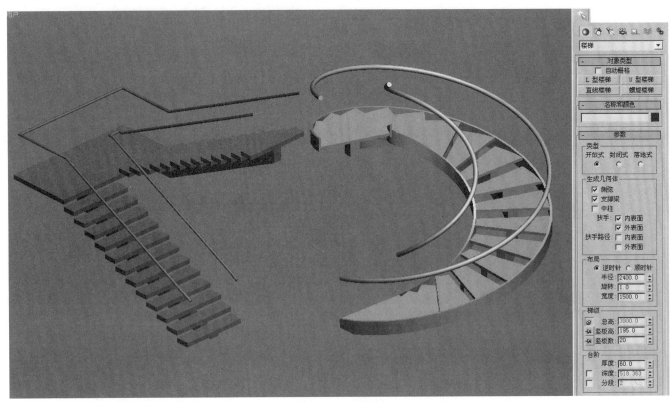

图 2-2-17 楼梯

3ds MAX 软件"创建"面板中的"几何体"中提供4 种不同类型的楼梯:螺旋楼梯、直线楼梯、L 形楼梯、U 形楼梯。

可以参数化地控制楼梯多个部分外观的细节:梯级、前梯级竖板、梯级竖板的底面、后面和侧面、中柱、扶手、支撑梁、侧弦。除了设置这些部分的尺寸,还可以选择取消。

2.2.2 使用修改器

3ds MAX软件除了对已经创建的对象可以进行移动、旋转和缩放等这样的变换，还可以使用修改器将对象进行一系列的塑形和编辑，以更改对象的几何形状及其属性。应用于对象的修改器将存储在"堆栈"中。通过在堆栈中上下导航，可以更改修改器的效果，或者将其从对象中移除。还可以选择"塌陷"堆栈，使更改一直生效。

3ds MAX软件提供的修改器分为3大类：选择修改器、世界空间修改器、对象空间修改器。

在对象修改器中提供了大量的编辑修改几何体的功能。以下介绍一些常用修改功能。

"挤出"修改器：将深度添加到图形中，并使其成为一个参数对象。适合创建大量垂直于地面的建筑墙面。

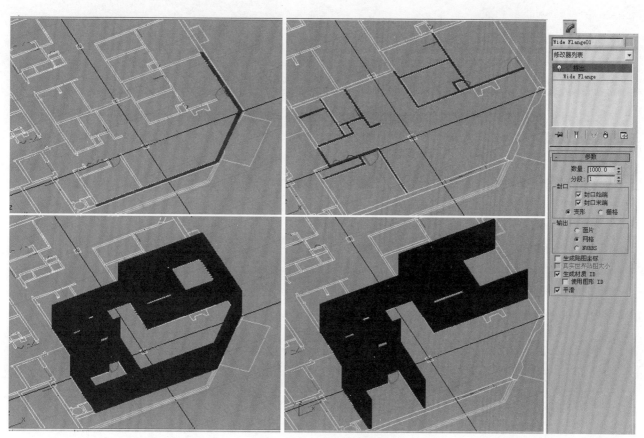

图2-2-18　"挤出"修改器

在用计算机建模时，物体的转角通常会呈现生硬呆板失真的外观，因为真实世界中大多数对象的边缘都具有一定量的曲线或圆角。"倒角"修改器将图形挤出为3D对象，并在边缘应用平或圆的倒角。倒角将

图形作为一个3D对象的基部。然后将图形挤出为四个层次，并对每个层次指定轮廓量。此修改器的另一个常规用法是创建3D文本和徽标，而且可以应用于任意图形。

43

图 2-2-19 "倒角"修改器

"弯曲"修改器允许将当前选中对象围绕单独轴弯曲360度,在对象几何体中产生均匀弯曲。可以在任意三个轴上控制弯曲的角度和方向。也可以对几何体的一段限制弯曲。由于弯曲发生在对象的顶点,因此被弯曲的对象需要有足够多的段数。如果对象比较简单,可以使用"细化"修改器对当前选择的曲面进行细分。

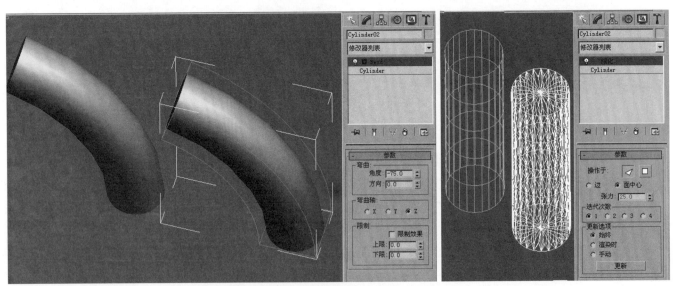

图 2-2-20 "弯曲"修改器和"细化"修改器

"车削"修改器通过绕轴旋转一个图形或 NURBS 曲线来创建 3D 对象。

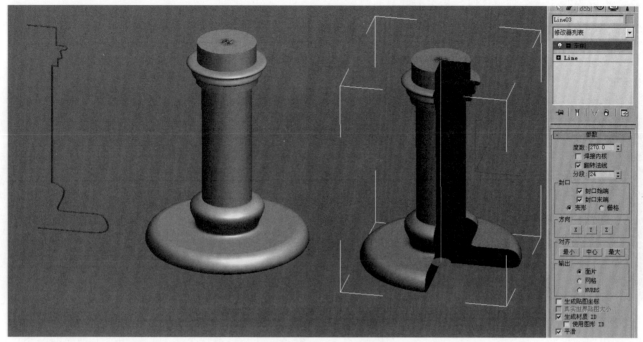

图 2-2-21 "车削"修改器

"晶格"修改器将图形的线段或边转化为圆柱形结构，并在顶点上产生可选的关节多面体。使用它可基于网格拓扑创建可渲染的几何体结构，或作为获得线框渲染效果的另一种方法。十分适合建立建筑工程中的网架。

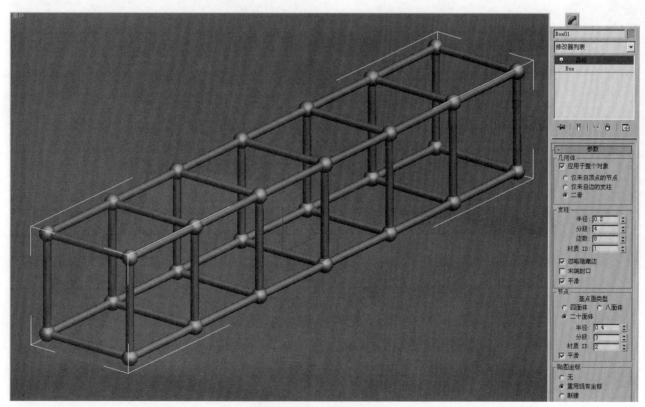

图 2-2-22 "晶格"修改器

"倾斜"修改器可以在对象几何体中产生均匀的偏移。可以控制在三个轴中任何一个上的倾斜的数量和方向，还可以限制几何体部分的倾斜。

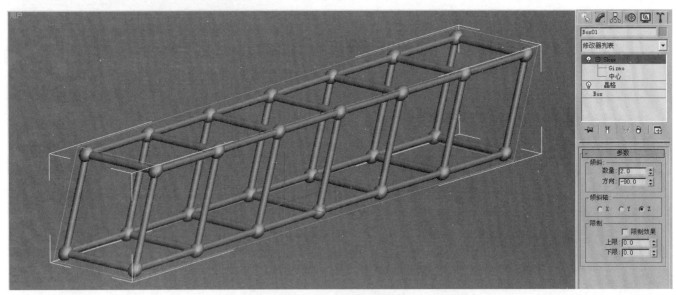

图 2-2-23 "倾斜"修改器

"扭曲"修改器在对象几何体中产生一个旋转效果（就像拧湿抹布）。可以控制任意三个轴上扭曲的角度，并设置偏移来压缩扭曲相对于轴点的效果，也可以对几何体的一段限制扭曲。

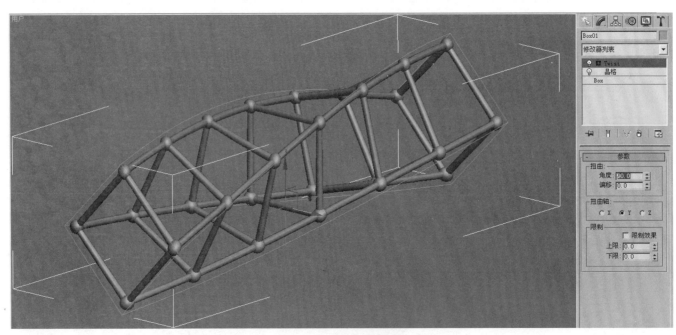

图 2-2-24 "扭曲"修改器

"波浪"修改器在对象几何体上产生波浪效果。可以使用两种波浪之一，或将其组合使用。波浪使用标准gizmo和中心，可以变换从而增加可能的波浪效果。

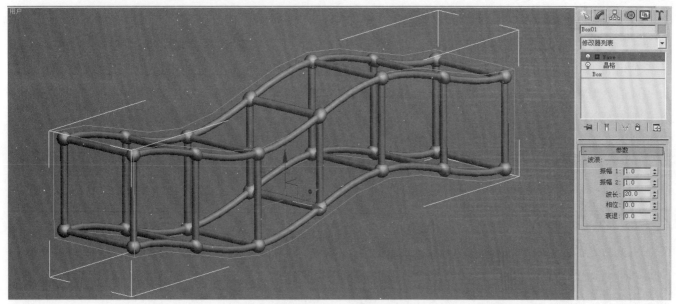

图 2-2-25 "波浪"修改器

当今一些建筑开始使用更多的曲面造型。3ds MAX软件的"曲面工具"由"横截面"修改器和"曲面"修改器组成，可以用来建立任意形状的曲面。

"横截面"修改器创建穿过多个样条线的"蒙皮"。它的工作方式是连接3D样条线的顶点形成蒙皮。横截面可以建立穿过不同形状样条线的蒙皮，这些样条线有不同的顶点数和打开/闭合状态。样条线的顶点数和复杂度越不相同，蒙皮的不连续性越相似。

"横截面"修改器创建的结果是另一个样条线对象，"曲面"修改器基于样条线网络的轮廓生成面片曲面。可以使用位于修改器堆栈中"曲面"修改器的下面的"编辑样条线"修改器编辑样条线，以调整模型；还可以通过添加"曲面"修改器上面的"编辑面片"修改器，对该面片做进一步的细化。

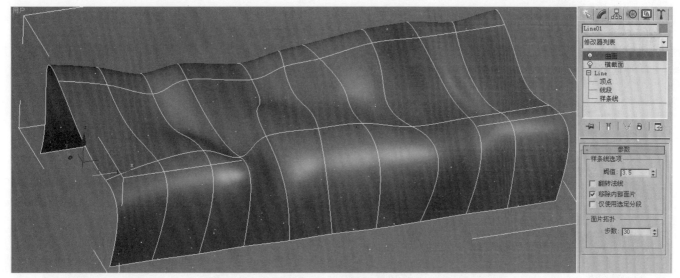

图 2-2-26 "曲面"修改器

2.3 其他建模方式

使用AutoCAD或3ds MAX软件建模都是根据已经设计完成的数据通过交互的方式以各种几何体拼凑出建筑模型。对于没有设计数据的现有建筑则需要通过测绘来获取，而激光三维扫描是近年发展起来的先进的测绘手段。另外，在建筑设计的方法中，数字化的设计手段也开始发展成熟，使用程序直接生成建筑形态的方式也开始被探索和尝试。以下就分别简单介绍这些比较先进的建模方式。

2.3.1 激光三维扫描

三维激光扫描技术首先建立在激光测量技术上，通过测量激光脉冲被物体反射回来的时间，就可以获得距离信息。在测量距离的基础上，如果能够同时得知其水平方位角和垂直高度角，就可以通过三角几何方法计算出其水平距离与垂直高度。连续对空间以一定的取样密度进行扫描测量，就可以对构成空间的界面进行空间定位，三维激光扫描技术正是使用这样的技术原理。

三维激光扫描系统主要由三维扫描仪主机、电源、控制和数据存储计算机、参考点标靶和三脚架等构成。三维扫描仪主机主要负责发射和接收激光脉冲并计算其空间位置信息。同时通过内置或外接数码摄影设备，采集空间表面色彩信息。控制和数据存储计算机通过专业软件，对主机进行控制，设定其扫描工作的范围和扫描精度，同时接收由主机传输过来的空间和色彩信息。参考点标靶可以为合成多角度扫描的数据提高精度。

三维激光扫描最终获得的数据以"点云"（PointCloud）的方式存储于计算机中。在计算机中，空间界面由扫描时设置的一定密度的点构成。这些三维空间点云形成了被测对象的空间三维模型。这个三维模型精确忠实地反映了被测对象的现状，凡是大于取样密

图 2-3-1　点云模型透视图

度的空间变化，都可以被记录和表现出来。

通过专业软件，点云模型可以被非常方便地以各种形式加以观察。首先是透视图，由于点云模型是三维的，人们可以从任意角度来观察透视状态的三维模型。这种观察是最接近自然观察状态的，即使是非专业人士也能够通过这种观察来了解和体会空间。如果连续改变观察位置与角度，并将这一系列变化图像连续播放，就形成了三维动画。系统要产生这样的三维动画仅仅需要设置的就是关键观察位置与角度以及变化时间，其三维动画可以自动产生。

图 2-3-2　点云模型正投影图

正投影图由于在传统工程图中依然重要，系统可以通过一个简单的按钮"关闭"透视状态，形成轴测和平、立面等正投影图。由于点云赋有对应的色彩信息，这样的正投影图类似于传统的立面或顶视平面彩色渲染图。而以传统方式要绘制一张这样的立面或平面彩色渲染图是十分费力的。

点云模型还可以被以任意方式进行剖切表现。水平剖切可以产生传统意义上的各层平面图，垂直方向的剖切可以输出剖面图。由于是由计算机对三维点云数据进行剖切，其产生剖切图的方法只是需要定义剖切平面位置，因此可以根据需要，产生大量的剖切面图。

图 2-3-3　点云模型剖切面图

三维激光扫描系统软件对于"点云"还有进一步分析建模的功能，对于规则几何体，如：平面、圆柱、球体、圆锥（台）体、弯管等，软件可以自动根据点云分布状态进行拟和与建模。经过这样建模以后，还可以分析出平面的周长与面积、圆直径、重心等相关几何特性。

点云以及拟和产生的几何模型，都可以输出并导入传统的计算机辅助绘图设计软件之中，MicroStation和AutoCAD都有直接读取点云数据的插件模块。也可以通过DXF数据转换将点云以DGN或DWG的方式存于MicroStation和AutoCAD之中。然后利用这些熟悉的CAD软件对点云数据再进行进一步的分析处理。

2.3.2 程序生成

基于脚本的形态生成方法已经被广泛地应用于时下流行的参数化形态设计之中。它是一种设计师编制计算机脚本程序，驱动计算机自动产生复杂形态的方法。区别于上述章节中的常规手工建模方法，它更注重设计师对于模型所蕴含的数理关系的思考。一方面，设计师将花费额外的精力将某种数理关系转化为计算机脚本程序；另一方面，可以反复修改参数、快速自动生成形态的脚本程序又为设计师探索各种参数组合下的形态群节省了大量时间。

理论上讲，目前几乎所有的三维图形软件都提供二次开发的软件工具，通过它们，设计师都可以进行基于脚本的形态生成设计，例如3ds MAX提供有MAXScript，以及Microstation平台上的Generative Component和Rhino平台上的Grasshopper可视化脚本工具。

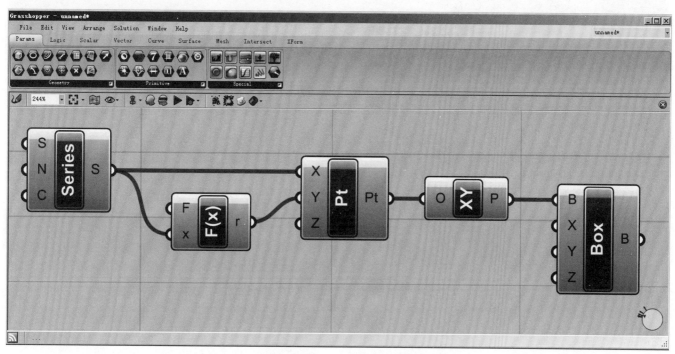

图 2-3-4　Grasshopper 用户界面

对于大多数读者而言，可视化脚本编制是一个比较新的概念。目前较为流行的是Rhino平台上的Grasshopper。可视化脚本编制的核心在于控件间从左向右的数据流动。而且，流动的既可以是单个的数值或图元，又可以是数值或图元组。Grasshopper会自动按用户设定的脚本，对组内每个值进行重复处理。

例如，如果要手工建立一个具有正弦分布特征的"柱网"是非常费力的，但是通过可视化脚本编制拖放简单的几个控件，对其进行连接与设定，就可以快速完成。而且更重要的是，如果现在需要对柱网进行修改（如柱子的数量、分布范围、尺寸等），只需要简单地修改控件参数就可以完成。

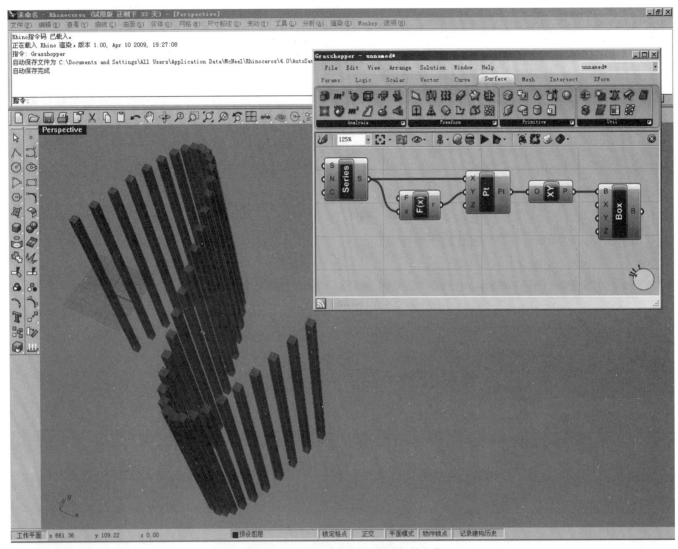

图 2-3-5　正弦分布特征的"柱网"的生成

目前的建筑设计作品中正在出现越来越多的自由形态，设计师们通过这种自由形态的塑造，给大众留下深刻的印象，也为自己的作品打上了独一无二的特征。但是，自由形态往往在平面图纸绘制、整体形态调整方面有很大的难度。传统的手工建模方式在这方面就显得力不从心。而使用可视化脚本编制工具却可以大展手脚。

以设计一种建筑平面沿高度可以不断扭曲、缩放的自由形高层形态生成为例：

首先，确定了脚本程序的四个输入参数：一条由设计师绘制的在XZ平面的控制各层平面收放的自由曲线；控制沿曲线高度方向分割的段数，即楼层数；控制各层椭圆平面的长短轴之比的楼层截面扁度；控制从底层到顶层总共旋转的整体扭曲度数。

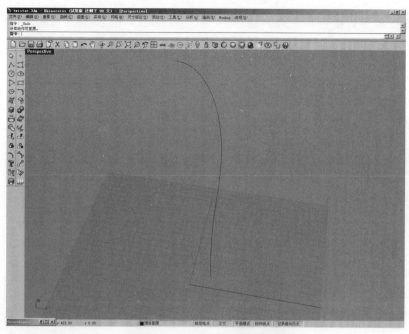

图 2-3-6　高层自由形轮廓收放曲线

　　然后，根据数据的流动方向，编制脚本程序。设计师可以根据自己的审美倾向等因素，分别调整四个参数，由计算机快速生成相应的模型，来探索各种自由形态。

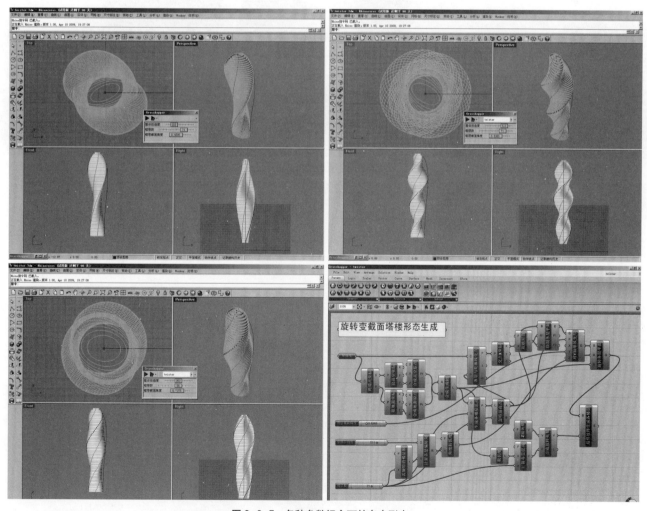

图 2-3-7　各种参数组合下的自由形态

当然，在得到满意的参数组合，生成自由形态后，可将生成结果存为各种通用三维模型格式，比如 *.3ds或*.dwg。将生成的成果导入3ds MAX中添加材质与灯光，进行渲染。

图 2-3-8　渲染后的生成模型

练习作业：模型转换与建立

作业要求：

将AutoCAD软件建立的建筑三维模型数据完整转换至3ds MAX软件中，并使用3ds MAX软件中的建模工具补充和完善模型。

作业步骤：

图 2-4-1　导入 AutoCAD 文件

1. 从"文件"菜单中选择"导入"，打开RMexOIR7.dwg文件。

2. 合理设置导入选项，使模型完整导入。

3. 尝试各种选项，比较导入模型的完整性差异。

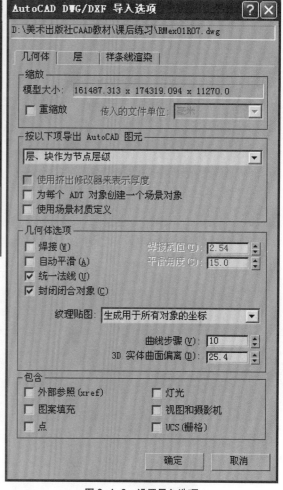

图 2-4-2　设置导入选项

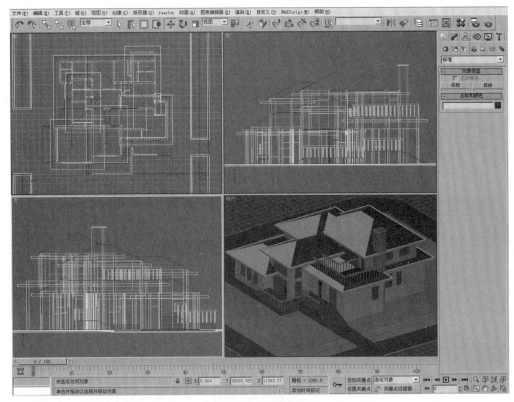

图 2-4-3　导入后的模型

4. 使用 "创建"面板下 "几何体"内"AEC扩展"中"栏杆"工具创建栅栏。

5. 调整"栏杆"中各个选项，使得栅栏合适且美观。

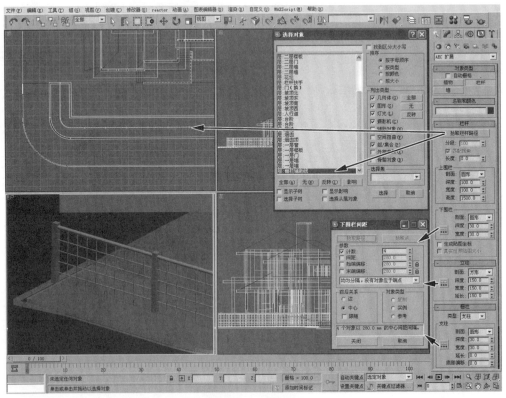

图 2-4-4　创建栅栏

6. 使用其他各项建模工具建立植物、小品、替换门和窗等。

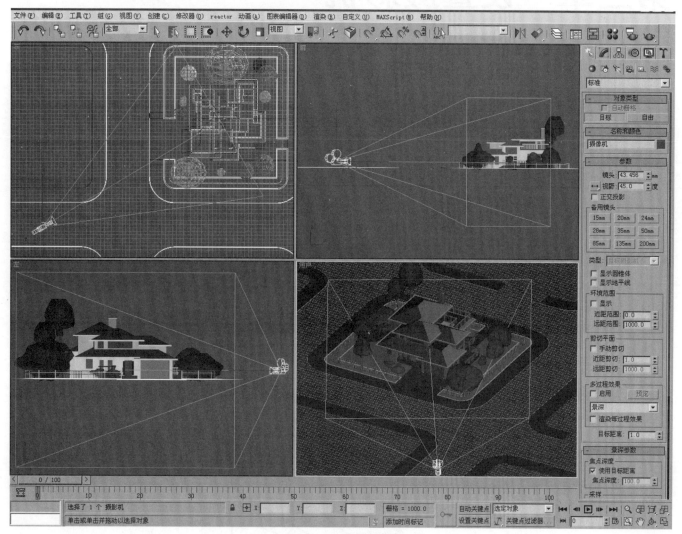

图 2-4-5　创建其他模型

建议课时：

1课时内基本完成数据转换与栅栏创建。其他模型可根据操作情况酌情调整。

作业提示：

1. 导入数据时选择"封闭闭合对象"和"统一法线"能保证模型完整。

2. 创建栅栏时点击"拾取栏杆路径"后再点击选择"栅栏辅助线"能快速建立出栅栏。

3. 调整建立的模型的各项参数很重要，特别是尺寸。由于建立模型时以毫米为单位，所以各项尺寸参数调整都要以毫米为单位。

4. 操作过程及结果参见RMex01.max、RMex02.max、RMex03.max、RMex04.max文件。

第三章　设置摄影机

对于建筑三维空间表现而言，合适的观察角度和路径是十分重要的。形体丰富的建筑及其空间在不同角度会有不同的形态，所谓"步移景移"。另外，由于一些材料的表面特性，不同的观察角度建筑表面材料质感也会有所变化。因此，在建筑表现中建议首先设定摄影机。本章介绍如何设置摄影机的镜头参数、位置、目标位置以及动画路径等有关原则和具体操作。

3.1 摄影机镜头

在计算机渲染软件中一般是以通过设置虚拟的摄影机的方式来形成透视效果。摄影是将物体发出的光线通过镜头投射到有限的成像面上形成影像。当成像面大小不变时，镜头的焦距决定了成像面中场景涵盖的多少，即视角的宽与窄，或称之为视场（FOV, Field-of-View）。

照相机成像面的大小一般是固定的，对于早期普遍使用的小型胶片照相机，其胶片通常是24mm高36mm宽，一般称之为135底片。通常使用镜头的焦距来表示视角的大小。虽然现在数码照相机成像面大小各异，但是都会提供一个相当于135底片折算的镜头焦距。很多渲染软件中都是以135相机作为标准，3ds MAX 也是如此。

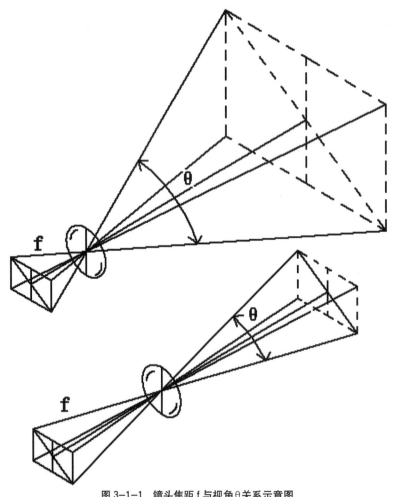

图 3-1-1　镜头焦距 f 与视角 θ 关系示意图

135 相机镜头的焦距对应视角的关系是：镜头焦距越短，视角越广；镜头焦距越长，视角越窄。视角一般指对角线视角，也可以根据画面比例计算出水平视角和垂直视角。

焦段	焦距(毫米)	对角线视角（度）	水平视角（度）	垂直视角（度）
广角	15	112.62	100.389	83.975
	20	96.733	83.975	68.039
	24	86.305	73.74	58.716
	28	77.568	65.47	51.481
	35	65.47	54.432	42.184
标准	50	48.455	39.597	30.219
长焦	85	29.653	23.913	18.049
	135	18.925	15.19	11.421
	200	12.837	10.285	7.723
	300	8.578	6.867	5.153
	500	5.153	4.123	3.093

表 3-1-2　焦距与视角对应参数表

3.1.1 标准镜头

通常，镜头焦距长度大约等于成像面画幅对角线长度的被认为是"标准"镜头，对于 135 相机来说为 40mm 至 50mm 左右。其产生的场景中物体透视关系与人眼视觉所感觉到的透视关系比较接近，没有强烈的近大远小的透视变形，视角约为 45 度。这种透视关系与视角比较适合表现小型建筑，如独立式住宅、门房间等。

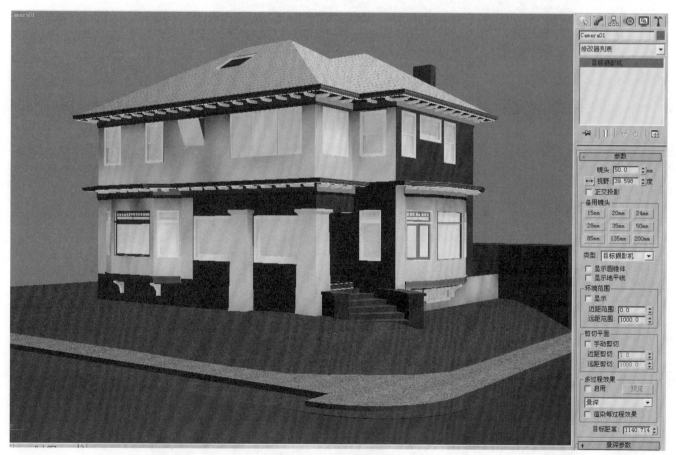

图 3-1-3　标准镜头表现

3.1.2 广角镜头

当镜头焦距长度小于成像面画幅对角线长度的被认为是"广角"镜头，对于135相机来说为15mm至30mm左右。其产生的场景中物体透视关系有强烈的近大远小的透视变形，视角大于100度甚至接近180度。由于视角相对标准镜头要大，画面里可以容纳的景物就会更多，而每个物体的影像会缩小。广角镜头比较适合表现建筑室内空间和较大体量建筑。由于广角镜头会夸大空间的近大远小效果，结合画面仰俯变化，可以制造出较具有戏剧性的画面效果。特别是对于细长的高层建筑或横扁的连续建筑群。

图 3-1-4 广角镜头表现

3.1.3 长焦镜头

当镜头焦距长度大于成像面画幅对角线长度的被认为是"长焦"镜头，对于135相机来说为70mm至200mm左右或更长。其产生的场景中物体近大远小的透视变形比较小，视角小于30度甚至只有几度。由于视角相对标准镜头要小，画面里可以容纳的景物就少，而物体的影像会被放大。长焦镜头比较适合表现建筑局部细部构造和建筑群体的鸟瞰。

图 3-1-5 长焦镜头表现

3.2 镜头焦距设置

在 3ds MAX 中，镜头焦距的设置可以在建立摄影机的时候先期选择设定，也可以以后通过修改参数设置再调整。

"Parameters（参数）"项目中可设置或修改镜头焦距或视场。其中，"镜头"以毫米为单位设置摄影机的焦距。"视野"决定摄影机查看区域的宽度（视野）。

当"视野方向"为水平（默认设置）时，视野参数直接设置摄影机的地平线的弧形，以度为单位进行测量。也可以设置"视野方向"来垂直或沿对角线测量 FOV。还可以通过使用 FOV 按钮在摄影机视口中交互地调整视野。

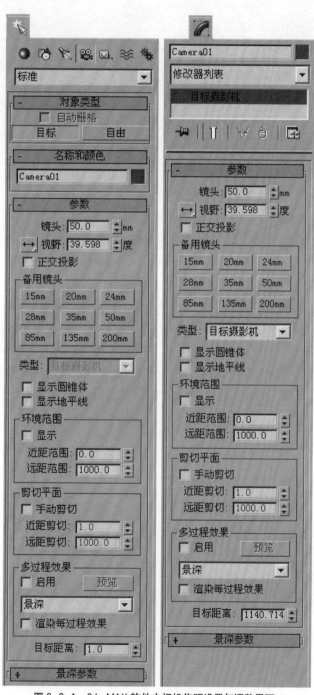

图 3-2-1　3ds MAX 软件中相机焦距设置与调整界面

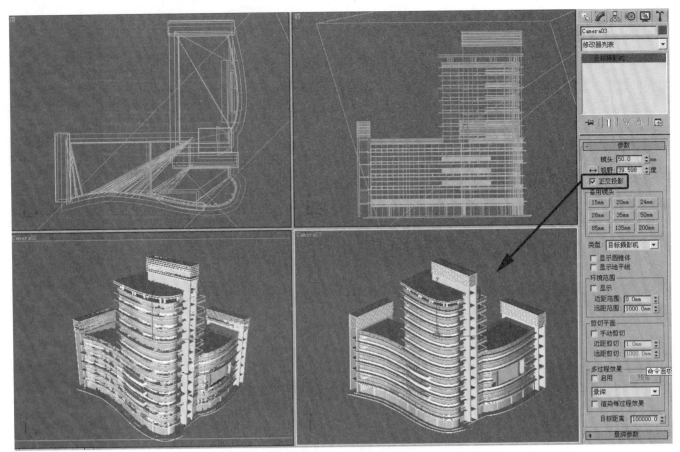

图 3-2-2　3ds MAX 中 Orthographic Proj 选择项以及其效果

3ds MAX 的摄影机参数设置中还有一个"正交投影（Orthographic Project）"选择项，如果选择此项，会产生根据当前观察角度和范围的轴测投影图。这是一种在现实观察中没有的效果，它保持画面中物体平行线的平行关系，任何定位的细节都会投影到图中的任何面上，使得位置关系很容易辨别。不论对象距离远近，它的投影比例保持恒定，相互关系一目了然。这在专业交流中是非常有效的一种表现方法。

点击"备用镜头"组可快速设置一些预设的摄影机焦距。包括：15mm、20mm、24mm、28mm、35mm、50 mm、85mm、135mm、200mm。

提示：

当其他条件不改变而只改变焦距时：焦距越短，画面中所容纳的景物就越多，透视效果越强烈，相对画面其中的景物影像就比较小，对空间会有夸大的效果；而焦距越长，画面中所容纳的景物就越少，透视效果越不明显，相对画面其中的景物影像就比较大，对空间会有压缩的效果。

图 3-2-3　不同焦距所容纳景物范围比较

3.3 透视类型

通过改变焦距可以缩小或放大被观察对象在画面中的相对大小，会给人以走远或走近的感觉，但是如果摄影机的位置没有实际改变的话，画面中对象和对象间的透视关系是不会变化的，对象本身的透视状态也不会改变。只有改变了摄影机位置才会根本改变画面的透视效果，所以在透视表现中摄影机位置的设置是十分重要的。

根据摄影机位置与被摄物体之间相对关系不同，会产生不同的透视类型，它们按照画面透视消逝点数量区分，可以分为"一点透视"、"二点透视"和"三点透视"。

3.3.1 一点透视

摄影机位置相对被观察对象的方向会产生透视变化，当摄影机位置正面面对被观察对象时，视线垂直于被观察对象的正面，画面则与其平行，这时被观察对象正面的所有水平线条在透视图中都是平行线，而垂直于画面的矩形体被观察对象的侧面水平线条都汇聚在画面中央一点。由于在这样的情况下画面中正面面对的矩形体被观察对象的水平线条只有一个汇聚点，通常这样的透视产生的画面效果被称之为"一点透视"。

"一点透视"的画面中，正面面对的矩形体被观察对象的正面基本没有透视变形，可以比较正确地观察正面各个部分间的比例关系。在进深方向则根据"近大远小"的原则逐渐缩小，但是进深方向所有平行于画面的平面上各个部分间的比例关系都能保持不变。这种特性可以帮助人们理解画面场景中的正面构图的正确比例。

"一点透视"比较适合表现一些对称的建筑室内、外设计方案。"一点透视"还可以产生比较庄严的视觉效果，一般一些政府办公楼和法院之类的建筑适合用一点透视来表现，还有就是宗教建筑如佛殿也适合用这种透视画面来表现。对于多数外凸的对象，其侧面由于摄影机位置的关系会被其正面遮挡而不能被观察到，如果被观察对象的侧面也需要表现的话就不能用"一点透视"了。

图 3-3-1　一点透视画面效果

3.3.2 二点透视

要表现被观察对象的侧面就要将摄影机位置放置在对象的侧面，同时为了保证对象在画面中的位置基本位于中间，就要把视线保持面向该对象，这时视线和画面相对被观察矩形物体正面与侧面都形成一个斜向角度，产生的画面中正面与侧面的水平线条都分别向两侧倾斜并最终汇聚于视平线的两个点上。通常这样的透视产生的画面效果被称之为"二点透视"。

"二点透视"可以同时表现矩形对象的两个侧面，是在图像表达空间形体中使用得最广泛的透视角度，几乎所有的建筑表现都用到这样的画面效果。特别是对于位于道路转角的建筑物，由于在设计中要同时考虑两个侧面的造型效果，这就要求在渲染表现中也要同时有所反映。

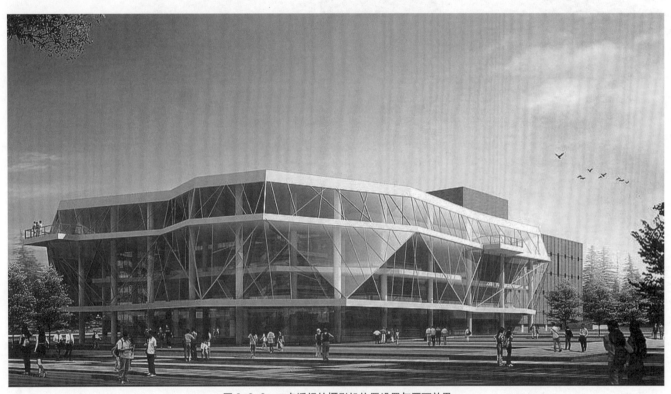

图 3-3-2 二点透视的摄影机位置设置与画面效果

"二点透视"在同时表现对象的两个侧面时通常应该要有所侧重，一般会将观察的摄影机位置偏于主要立面，这样会使该立面在画面中占据较多的比重，这样在画面的构图上主次分明，更有利于表现建筑设计构思。根据比较经典的平面构图原则，正面与侧面交接线在整幅画面的大约三分之一处是一个比较合适的位置，如果不是为了追求特殊效果，尽量要避免将对象的正面与侧面交接线放在整幅画面的正中间。

在"二点透视"中，摄影机位置围绕被观察对象相对的左右水平移动可以改变两个灭点的相对位置，当摄影机位置向某个面的正中靠近的时候，这个面上

水平线条的灭点就越会远离画面，这些线条的透视变形就会较少，直到摄影机位置位于正中时该面的灭点位于无限远处，也就是线条相互平行，成为"一点透视"。反之，摄影机位置越偏离某个面，这个面上水平线条的灭点就会越接近画面，这些线条的透视线条为主的建筑设计方案的表现就十分重要，过于平坦和过于倾斜都不利于表达好设计构思。而且对于矩形为主的对象来说，两个面是相关的，变化是对应相反的，摄影机位置在转向一个面的中间的同时就会偏离另一个面，这就需要同时兼顾两个面上的画面透视效果，使得达到一个和谐的平衡。

在摄影机位置的左右水平移动时，画面中的竖直线条也会产生变化，除了两个面交接线之外，建筑中还有很多竖向的构件如室外的观光电梯、柱子和竖线条的玻璃幕墙等等。这些竖线条在画面构图中也十分的重要，而要调整这些线条在画面中的相对关系也要通过调整摄影机位置来解决。

由于建筑通常由多个形体组合而成，这些形体在前后空间中就会相互遮挡并会在画面上造成重叠的现象。这些遮挡和重叠是由建筑形体的组合与观察视点的位置共同作用的。在表现时通过调整视点来避免不适当的重叠。

图 3-3-3　调整竖直线条在画面中的相对关系

3.3.3 三点透视

前面介绍的"一点透视"和"二点透视"都是摄影机水平放置，即摄影机与目标点在同一水平线上。这样形成的画面中所有垂直于地面的线条都是相互平行且垂直于画面的底边线。这十分符合大多数情况下人们观察建筑物时的视觉印象，因此在用透视图来表现建筑时往往尽量将摄影机与目标点在同一水平线上。

在现实情况中摄影机与目标点并不都在同一水平线上。当物体处于观察点前下方时，人们会自觉低下头来观察，这时的目标点低于摄影机。反之，当物体处于观察点前上方时，人们会自觉抬起头来观察，这时的目标点高于摄影机。这样就会产生倾斜画面的透视效果：原来垂直地面的物体线条在透视画面上也会倾斜。对于向下观察的透视画面，这些垂直线条的透视线会倾斜并向下方汇聚；而对于向上观察的透视画面，这些垂直线条的透视线会倾斜并向上方汇聚。

这样，垂直方向的透视汇聚点加上原来水平方向的两个透视汇聚点就有了三个透视汇聚点，因此这样的透视画面被称为"三点透视"。

图 3-3-4　三点透视的摄影机位置设置与画面效果

其实大多数时候人们观察物体时多多少少都会有所倾斜，投影在眼球视网膜上的画面都会随之变形。但是，当这些信息经过人大脑结合头的仰俯状态同步处理和调整后，留给人们的印象在一个很大范围内都会被认为是垂直画面的效果。这一点对控制画面的透视效果十分重要，因为人们在观察图片时很难确认该画面形成时的倾斜状态，就不容易对倾斜画面所产生的透视变形进行调整，这也会影响到普通人对建筑实际形象的把握。因此，一般在建筑表现时会尽量避免"三点透视"。

但是，高层建筑高度有数十米到数百米高，人们在地面上观察它们一般都会仰视，适当地倾斜画面让垂直线条向上汇聚可以加强画面中高层建筑给人的高耸感。

图 3-3-5　高层建筑

而对于由高层建筑围合而成的广场,尽管广场空间绝对尺寸不小,但相对建筑高度而言还是不大,这样的空间如果用一般透视角度表现很难达到理想的效果。如果以向下俯视的透视角度会给观察者留下很深的印象。

图 3-3-6　俯视广场

3.4 效果设置

计算机渲染软件中的摄影机设置要尽量能够达到现实中摄影机的效果,除此之外还能做出现实中没有的效果。下面介绍摄影机设置中的一些画面效果设置:透视效果、景深效果和剪切平面。

3.4.1 透视效果

视点在水平方沿视线方向前后移动时,如果不改变镜头的焦距而顺着视线方向往前移动视点,则画面中对象会因为接近视点而变大,反之则会变小。通常在向前移动视点的同时通过缩短镜头的焦距可以保持对象主体在画面的大小不变,也可以在向后移动视点的同时通过增长镜头的焦距来保持对象主体在画面的大小也不改变,但是由于摄影机位置的改变,画面中主体对象与其他周围环境的透视关系被改变了。视点越是接近主体则镜头焦距就需要越短,画面中的透视变形效果就会越强烈;视点越是远离主体则镜头焦距就需要越长,画面中的透视变形效果就会越平坦。

同时改变视点和镜头焦距的变化会在很大程度上改变画面透视效果，为了得到合适的画面透视效果就需要不断地调整视点与焦距。在实际操作中往往会预先选择一个焦段的镜头焦距，根据被表达对象确定使用广角、标准还是长焦镜头，而后调整视点的左右与前后位置，取得一个合适的观察角度，最后再根据构图需要仔细调整镜头的焦距或先设定一个较大的画面

而在后期图像处理中来裁切画面。

对于同一个场景中的物体，如果使用广角镜，前景物体与背景物体近大远小的透视效果强烈，背景场景会显得很小且较多被前景遮挡。而使用长焦镜，前景物体与背景物体透视效果不明显，背景场景会被比较完整地展现。

图 3-4-1　广角与长焦的透视效果

在使用鸟瞰图表达建筑群体或城市空间时，选用不同焦距的镜头会给鸟瞰图带来不同的视觉效果，用广角镜头近距离观察会以其夸张的变形给人以强烈的视觉冲击，比较适合表现一些高楼间相对较小的广场空间。用长焦距镜头远距离观察可以减少透视变形，使得表现对象容易被人理解，比较适合用于表现复杂的建筑群体。

图 3-4-2　长焦鸟瞰的透视效果

在现实中并不是所有建筑前面都有一个足够宽广的场地使之能够得到一个合适的角度来观察。对于一些场地狭小的建筑可以使用一些比较短焦距的广角镜头来表现，但尽量不要将主体靠近变形比较厉害的画面边缘，并要避免大角度的仰俯画面。

画面效果的控制根据表现对象不同会有各种不同的办法，对于具体的建筑一定要多多注意画面中影响构图的各种因素的综合作用，努力达到一种和谐的平衡。

3.4.2 景深效果

由于一般计算机渲染软件完全按照几何光学的计算方式来形成透视画面，所以没有现实中摄影镜头的各种像差：球差、慧差、像散、场曲、畸变和色差，同时也没有了景深。

现实中摄影镜头将景物成像在胶片或图像传感器的平面上。理论上只有根据像距和镜头焦距计算出来的物距平面上的景物才清晰，而由于人眼在观看图像时的分辨率有限，在物距前后一定距离内的景物所形成的图像看不出模糊，或者也可以说只有超过物距前后一定距离内的景物所形成的图像才能被看出模糊，这段距离就被称为景深。

在现实的摄影中会利用浅景深效果来突出主要被摄物体。即将主要被摄物体置于景深内，而其前后的景物都在景深之外。这样形成的画面中只有主要被摄物体是清晰的，而其前后的场景都逐渐模糊。

3ds MAX 使用多重过滤渲染效果来模拟现实中的景深效果。在"参数"卷展栏中打开"多重过滤效果"组选择"景深效果"就可以打开"景深参数"卷展栏。通过设置其中的参数来设置景深效果。

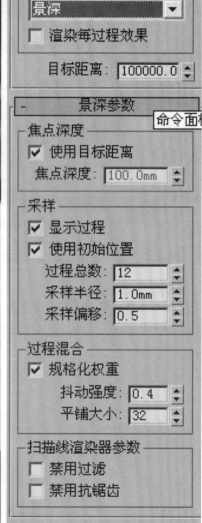

图 3-4-3　景深效果与"景深参数"卷展栏

72

3.4.3 剪切平面

剪切平面是现实的摄影机不具备的效果。使用剪切平面可以排除场景的一些几何体并只查看或渲染场景的某些部分。每个摄影机对象都具有近端和远端剪切平面。对于摄影机，比近距剪切平面近或比远距剪切平面远的对象是不可视的。

如果场景中有许多复杂几何体，那么剪切平面对于渲染其中选定部分的场景非常有用。使用剪切平面可以创建建筑的剖面视图。

剪切平面设置是摄影机参数的一部分。每个剪切平面的位置是沿着摄影机的视线（其局部 Z 轴）进行

测量的，采用场景的当前单位。

可以设置靠近摄影机的近端剪切平面，以便它不排除任何几何体，并且仍然使用远平面来排除对象。同样，可以设置距离摄影机足够远的远端剪切平面，以便它不排除任何几何体，并仍然使用近平面来排除对象。

如果剪切平面与一个对象相交，则该平面将穿过该对象，并创建剖面视图。

也可以在非摄影机视口中使用剪切平面。只需单击"视口标签"，然后选择"视口剪切"，这样就可以产生正交的剖面图。

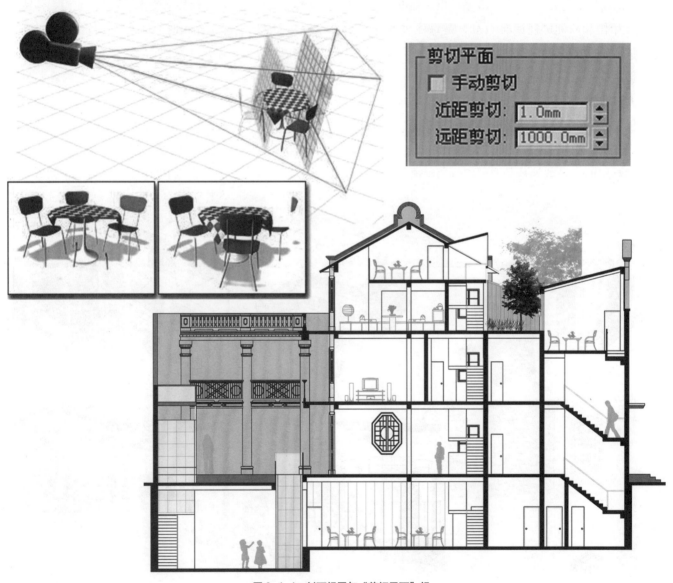

图 3-4-4　剖面视图与"剪切平面"组

73

3.5 摄影机动画

动画以人类视觉残留的原理为基础。如果快速查看一系列相关的静态图像，那么我们会感觉到这是一个连续的运动。动画对于表达复杂建筑空间是非常有效的手段。由于建筑空间会十分复杂，几张静态的图片很难完整表达，特别是一些连续的空间序列，就需要用连续的画面予以表现。

由于建筑物一般不会移动，因此建筑动画主要是由移动摄影机来产生的。在连续移动摄影机的过程中同时记录所获得的画面就能够产生摄影机动画。

动画的每一个单独图像称之为帧。通常要形成比较连贯的动画，每秒至少需要15帧，电影标准是每秒24帧，中国和欧洲电视标准（PAL）是每秒25帧，而美国和日本的电视标准（NTSC）是每秒30帧。

传统的手工动画要绘制每一帧的画面，一分钟的动画大概需要720到1800个单独图像，这取决于动画的质量。用手来绘制图像是一项艰巨的任务。因此出现了一种称之为"关键帧"的技术。

动画中的大多数帧都是例程，从上一帧直接向一些目标不断增加变化。传统动画工作室为了提高工作效率，让主要艺术家只绘制重要的帧，称为"关键帧"。然后助手再计算出关键帧之间需要的帧。填充在关键帧中的帧称为"中间帧"。

计算机制作动画采取的也是关键帧方式：动画的关键帧由人确定，中间帧则由计算机自动计算产生。

制作完整的动画成果首先需要进行动画脚本的策划，即确定动画的内容和控制时间。对于简单的单体建筑外观的动画表现也要大致有个脚本，第一步是确定内容：起始看到的是建筑的那个角度（正面、侧面、全体、局部等），然后如何变化（环绕、走近、停留、环视、变焦等），最后结束时的位置（原起始点、入口等）。这些内容最后都需要以关键帧的方式予以落实。

第二步就是要根据动画内容控制这些内容发生的时间长短。需要仔细观察的画面时间就要长一些的停留，行进中的画面则要根据行进路径长度和行进速度来计算时间。每段动画的发生时间按照动画的帧速率可以算出此段动画需要的中间帧的数量和总的帧数。

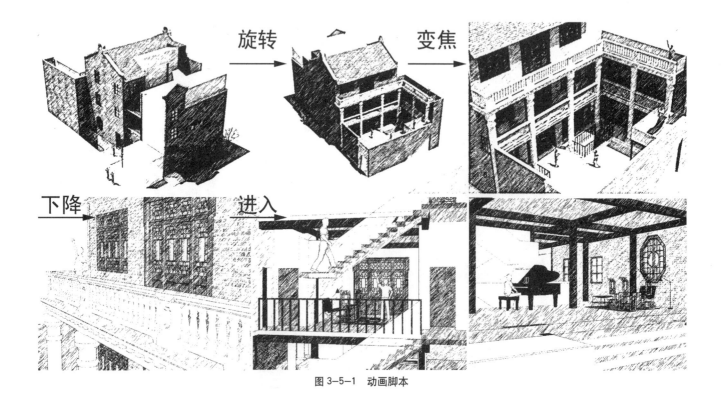

图 3-5-1　动画脚本

74

完成明确了关键帧和中间帧数量的动画脚本就可以依此进行动画设置。在3ds MAX中，点击界面右下方"时间配置"按钮在对话框中可以设置整段动画的时间或帧数。

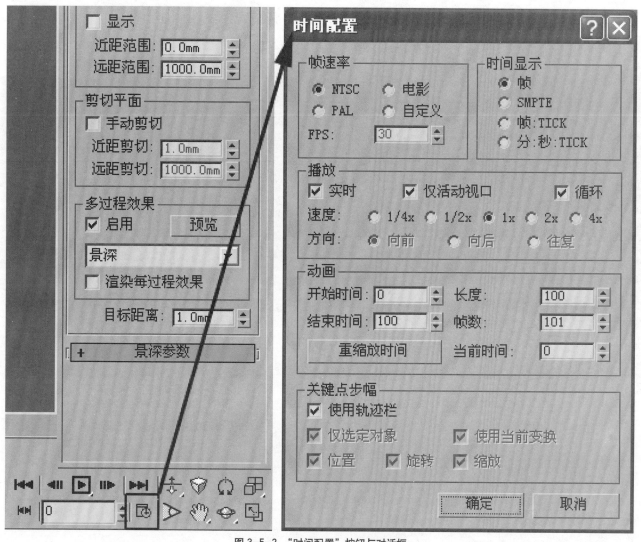

图3-5-2 "时间配置"按钮与对话框

设置了动画时间或帧数以后，界面下放的时间滑快刻度也随之相应改变。由于是根据脚本设置动画，此时选择使用"设置关键点"模式。点击"设置关键点模式"小按钮，此时该按钮、时间滑块和活动视口边框都变成红色以指示处于动画模式。此时就可以设置动画的关键帧了。

根据脚本将时间滑块拖置在确定的时间点或帧上，然后设置摄影机和目标点的位置与状态，最后选中被设置的摄影机和目标点后点击大的"设置关键点"按钮，确定此时的摄影机和目标点在此关键帧位置和状态。

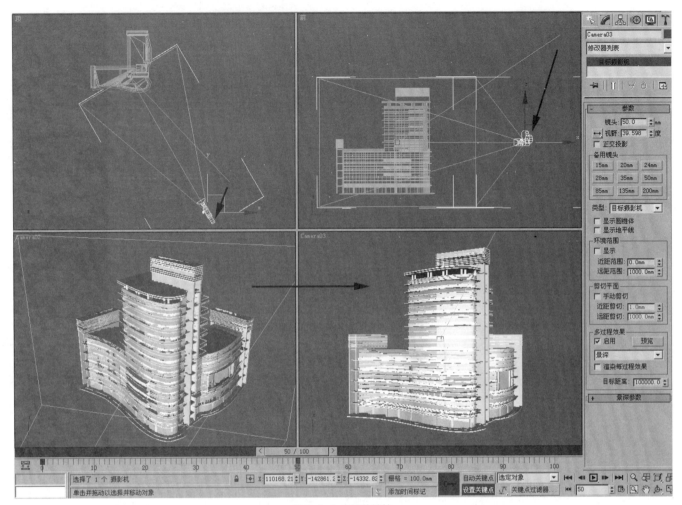

图 3-5-3 设置关键帧

　　值得注意的是动画开头的第 0 帧也是关键帧，也需要在设置摄影机和目标点的位置与状态后，选中被设置的摄影机和目标点并点击大的"设置关键点"按钮，确定初始时的摄影机和目标点的位置和状态。

　　在按照脚本设置完成整段动画的关键帧设置后就可以按动画播放按钮，在激活的视口中观看动画的初步效果。

　　由于中间帧是软件根据前后关键帧自动计算出来的，很有可能出现期间有些画面效果不理想。这时可以在原有关键帧之间继续插入更多的关键帧以调整动画过程。

　　3ds MAX 软件动画制作工具还有很多复杂强大的功能。这些功能更多的是针对电脑游戏和影视的角色动画而设置的。而在建筑表现中比较少有场景中物体的复杂变化，在此不作过多介绍。

练习作业：设置摄像机与动画

作业要求：

在场景中设置摄像机产生透视视口，调整照相机位置与参数以体会和理解摄像机与透视画面的关系。创建关键帧以产生摄像机动画。

作业步骤：

1. 打开 RMex04.max 文件。
2. 使用 "创建" 面板下 "摄像机" 内 "目标" 创建具有目标的摄像机。

图 3-6-1　创建目标摄像机

3．将右下角"用户"视口切换成"摄像机"视口。

4．移动摄像机和目标点，调整透视角度。

5．设置各种焦距并调整摄影机位置，在摄影机视口观察体会透视变化。

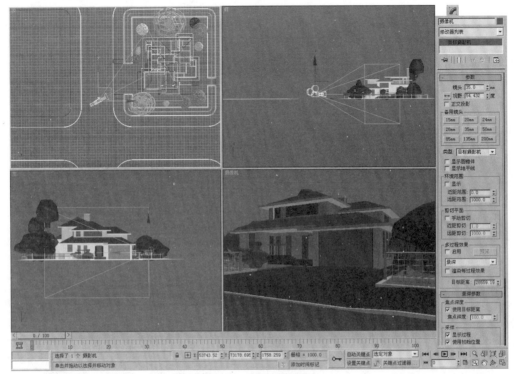

图 3-6-2　调整摄像机

6．调整摄像机位置和参数，形成长焦鸟瞰透视画面。

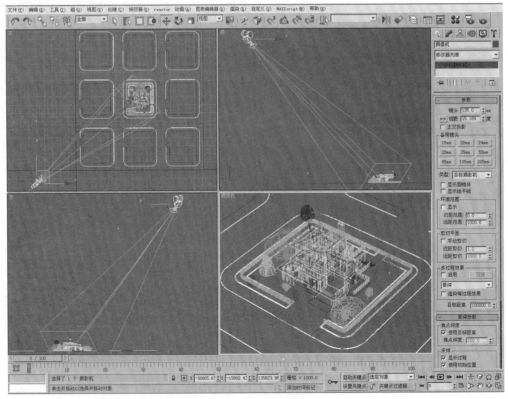

图 3-6-3　长焦鸟瞰透视画面

78

7．点击"时间配置"按钮将动画长度设定为 300 帧（NTSC 标准 10 秒）。

8．使用"自动关键点"分别在 0、100、200、300 帧设定关键帧，在关键帧调整摄像机的位置和焦距，使摄像机从高处匀速下降并最终到达正面平视位置。

9．使用动画播放控制工具在摄影机视口观察动画效果。

10．仔细调整在关键帧的摄影机位置与焦距，使动画效果更自然。

11．最后渲染摄像机视口产生动画。

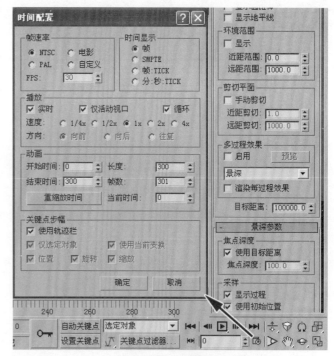

图 3-6-4　时间配置

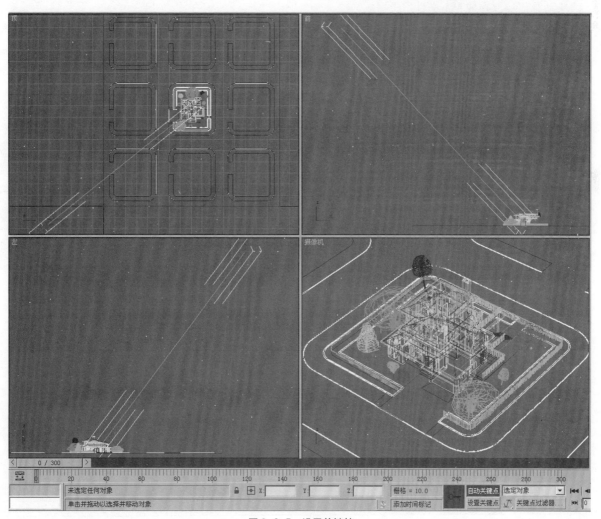

图 3-6-5　设置关键帧

建议课时：

1课时内基本完成摄像机设置与动画关键帧的设置。动画的调整和渲染可以根据操作情况在课后完成。

作业提示：

1. 在"顶"视口中创建摄像机比较容易控制。

2. 点击摄影机和目标点之间的连线能够同时选择并移动摄影机与目标点。

3. 初创建的摄像机和目标点的高度都为0，需要调整至1500~1800左右，以适合人的高度。

4. 切换视口时，现点击"用户"视口以激活，然后在键盘上按"C"键就能够快速切换至"摄像机"视口。

5. 选择摄影机后在"运动"工具板中点击"轨迹"能够显示并调整摄影机的运动轨迹。

6. 将视口的显示模式换成"线框"能加速动画的显示。

7. 渲染动画需要保存成AVI文件用于播放。

8. 操作过程及结果参见RMex05.max、RMex06.max、RMex07.avi文件。

图3-6-6　渲染动画

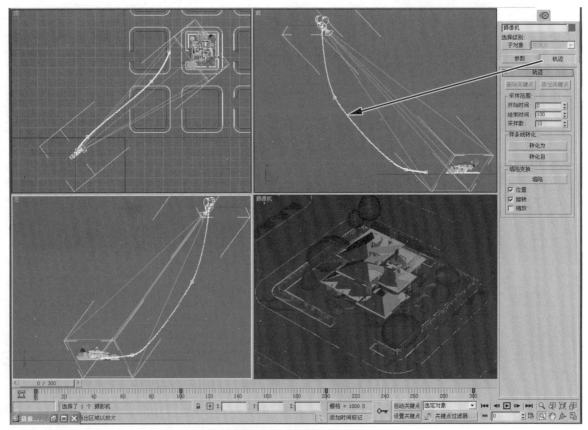

图3-6-7　摄影机运动轨迹

80

第四章　设置灯光

照明使物体产生的明暗变化与阴影，是影响画面效果的又一个重要因素。在建筑专业学习的基础阶段都会有美术素描练习，主要目的就是让大家把握物体的形体和明暗关系。而在摄影技术发展初期，当感光材料还不能表现色彩时，仅通过不同深浅的明暗色调就产生过许多传世佳作，直到如今黑白摄影仍然没有完全被彩色摄影所替代。同样，在建筑的计算机渲染表现之中，在引入复杂的色彩与质感因素之前，先用设置照明光源的方式得到一幅适当影调的素描图面效果。这往往成为最终画面效果控制的关键。本章介绍如何设置照明光源的类型、位置、目标位置和阴影参数的有关原则和具体操作。

图4-1-1　素描与摄影表现的明暗与阴影

4.1 物体的光影

人们观察世界是通过眼睛吸收从物体上发出的不同强弱的光，通过复杂的视觉系统最终让大脑理解世界的空间关系。绘画和摄影都是试图让这些光影变化能够在画面中通过不同浓淡的影调变化来让人们了解创作者想表达的想象中的另一个世界。

与所有绘画和摄影作品一样，计算机建筑渲染表现图的明暗和阴影控制十分重要。现代绘画艺术可以根据艺术家的构思比较自由地创作，而建筑渲染表现图的明暗和阴影却要完全符合现实中的照明方式。

建筑在设计时就需要考虑建筑的明暗和阴影形态，把它作为设计的一个元素，而不是被动地让阳光在建筑上投下凌乱的影子。同时建筑的明暗和阴影也反映了建筑的体积感与质感：退晕的明暗变化表现弧面的凹凸；长短的影子表现挑出物体的深浅；光滑或粗糙的质感也由其体现。与色彩相比，建筑的明暗和阴影是必不可少的设计元素，因为建筑可以是单一的白色，却不能永远在黑暗之中。这些都是在建筑渲染表现中需要重点注意的。

物体的明暗与阴影是由照射在物体上的光产生的。光是形成所有视觉感知的决定因素。没有了"光"的照明，"看"是不能完成的，特别是对于建筑这一类体量巨大的物体是很难用触摸的方法来了解的，更不用说建筑的空间了。

4.1.1 明暗

当光照明到物体时，由于光基本是直线传播，会将物体表面分出两个部分：被光照到的受光部和没有被光照到的背光部，而这两部分的交接处被称之为"明暗交界线"。

由于物体受光部分和背光部分表示出物体相对光线照射方向的转折，所以这对人们通过二维的画面理解空间三维物体有很大的帮助。明暗交界线反映了这种转折发生的地方，因此无论在绘画还是摄

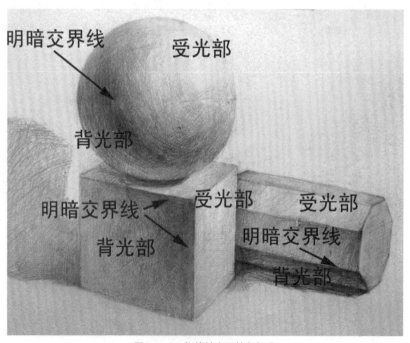

图4-1-2　物体被光照的各部分

影中都十分重要，有时在白描画面中除了勾勒出物体形状之外，明暗交界线也是必不可少的线条。在计算机渲染表现建筑时，需要十分重视明暗交界线在场景中的位置。

在物体的受光部，入射光线与物体表面的角度为光线的入射角，从物体表面被反射光线与物体表面的角度为光线的反射角。对于光滑物体，反射光线与视线重合的物体表面最亮，随着反射光线角度与视线角度差距变大，物体表面就显得比较暗。随着物体表面光滑程度降低，光被漫反射向各个方向，这种变化变得不明显，此时光线入射角较小的表面就显得比较暗。这种现象在类似圆柱这样连续变化的表面上显示得非常清楚。了解这点就可以在实际画面明暗的控制中有目的、有预见地通过调整光线的角度来进行调节。

4.1.2 阴影

物体表面上由于转折而背光的部分被称之为"阴面"。通常人们只是笼统地将没有被光线照到的部分称之为"阴影"，事实上"阴"与"影"在建筑渲染表现中是需要仔细区别的。如果在光源与物体之后还有一个原本可以被光照射的物体表面由于前方物体的遮挡而没有受到光线的照射的部分通常被称之为"影"。

在建筑表现中，分别控制画面中的"阴"和"影"可以改变画面的效果。首先，当光照射的方向大体确定之后，建筑的"阴"面就基本上被确定下来，这时"影"却可以根据光照射的角度变化发生较大的变化。

"影"的这种多变的效果在建筑设计中也是一个需要考虑的元素，在建筑设计中会在立面上做些凹凸来丰富立面的变化效果，而这些凹凸就需要通过阴影表现出来。"影"在计算机建筑渲染表现画面中也是画面构图的一个重要元素，需要通过调整"影"的方向、大小、长短来影响画面构图。

建筑照明状态基本可以分为室外自然照明、室外人工照明（夜景）和室内照明。下一节将分别分析其特点与光源设置原则。

图4-1-3 阴与影

4.1.3 环境光

在现实中当物体被光线照亮以后会反射出一部分光线并影响周围物体。反射光越多，用于照明其环境中其他对象的光也越多。众多物体的反射光创建环境光。环境光具有均匀的强度，并且属于均质漫反射。它不具有可辨别的光源和方向。

图4-1-4　物体的反射光产生环境光

3ds MAX使用默认的渲染器进行渲染时对于标准灯光不计算从场景中对象反射的灯光效果。因此，使用标准灯光照明场景通常要求添加比实际需要更多的灯光对象。要获得最佳模拟反射光和由场景中对象的反光度改变引起的变化，可以向场景中添加更多灯光并进行设置以排除不想影响的对象。

除了在场景中增加灯光模拟环境光，还可以使用"环境"面板调整环境光的颜色和强度。环境光影响对比度。环境光的强度越高，场景中的对比度越低。环境光的颜色则可以为整个场景染色。

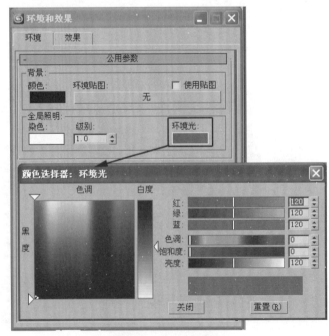

图4-1-5　"环境"面板

4.2 室外自然照明

阳光在白天非常有效地照亮了周围的环境，建筑的外观最普遍是在阳光的照明下被人们感知。因此，计算机建筑渲染表现图也大量表现了建筑的这个状态。

4.2.1 太阳的变化规律

地球的运动使太阳在天空中的位置是不断变化的。由于地球的自转，太阳在一天之内东升西落，改变的是其方位角。一般情况下相对于北半球的建筑而言，上午太阳在东边，照亮建筑的东、南立面，西立面是背光的"阴"面；下午太阳转到了西边，照亮建筑的西、南立面，东立面是背光的"阴"面。

地球还围绕着太阳公转，而且自转的轴与公转的平面还存在着一个角度，即所谓"黄赤交角"，这样太阳在白天同一个钟点每天的高度角也在变化，这个变化带来了地球一年四季的变化。在冬季，太阳即使在正午，其高度也相对夏季较低，而且在地球上纬度越高的地方，冬季正午太阳的高度就越低。

由于"黄赤交角"的存在，太阳不是一直直射赤道，而是在不停地在南北回归线之间变化：北半球夏至时，太阳直射北回归线，北回归线以北的建筑南立面是受光面，北立面是背光面，北回归线以南的建筑北立面是受光面，南立面反而成了背光面；北半球冬至时，太阳直射南回归线，南回归线以北的建筑南立面是受光面，北立面是背光面，南回归线以南的建筑北立面是受光面，南立面也反而成了背光面。

了解太阳相对地球的活动规律对在绘制计算机建筑渲染表现图时设置照明有很大的帮助。这使得照明的设置有现实的基础，不会违背自然规律。

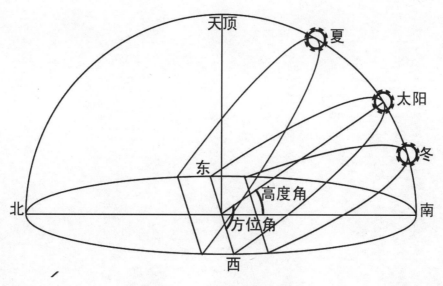

图4-2-1　太阳方位与高度的变化

4.2.2 设置光源

包括3ds MAX在内的许多计算机渲染软件都提供了设置太阳照明的工具，通过设置精确到秒的钟点、时区、地区（经、纬度）和建筑物的朝向等一系列参数，软件会自动计算出此时此地的太阳方位角和高度角，然后再在场景中产生相应的照明效果。

尽管使用太阳照明的工具能比较科学地设置建筑室外自然照明，但是这种方式在调整建筑的明暗阴影效果时却不够灵活和方便，因此一般选择使用软件另外提供的可以自由移动的光源以方便控制画面效果。

3ds MAX提供有五种常见光源：泛光源（Omni Light）、目标聚光源（Target Sport Light）、自由聚光源（Free Sport Light）、目标平行光源（Target Directional Light）、自由平行光源（Free Directional Light）。另外还提供了天光（Sky Light）用来模拟空气散射的照明效果。

在这些常见光源中泛光源（Omni Light）和目标聚光源（Target Sport Light）是在建筑渲染表现中使用最多的光源。

由于在现实中阳光被空气折射和散射还被周围所有物体的表面不停地反射，这使得看来非常自然的明媚阳光照耀下的建筑其实是被非常复杂的光线所影响产生的结果。虽然计算机可以计算模拟光线在物体上多次反射的效果，但是这需要耗费大量的系统资源进行运算，效率很低。因此合理使用目标聚光源和泛光源并进行适当调整，以模拟阳光和环境光对建筑的照明效果是比较高效的一种做法。

目标聚光源（Target Sport Light）由光源点和目标点来控制光源的位置和照射方向，聚光源的照射范围呈圆锥状，又被分为聚光区（Hotspot）和散光区（Falloff）两部分。聚光区以内为光源完全影响的范

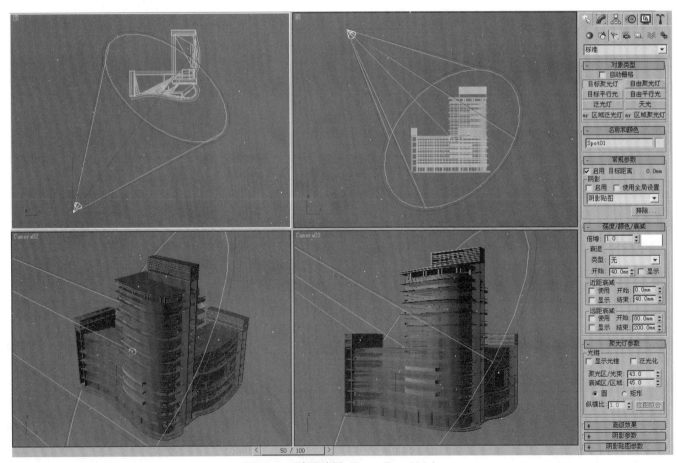

图4-2-2　目标聚光源（Target Sport Light）

围，聚光区与散光区之间，光源的影响逐渐减弱，散光区之外光源不再产生影响。聚光区与散光区之间范围的大小影响了该光源边缘的照明效果，如果该区域较大，光源的边缘逐渐过渡，没有明显的分界线，有类似加设柔光罩的灯光效果；如果该区域较小，光源的边缘很少过渡，有明显的分界线，有类似加设深遮光罩的灯光效果。目标聚光源常用于场景的主光源。

图4-2-3　聚光源模拟太阳的照明效果

在场景中创立聚光源模拟太阳的照明效果，这时由于场景中已经设置有光源，场景在相机视图中可粗略实时显示出被其照亮的效果，但要明确观察渲染效果就需要用"渲染"（Render）命令来对视图进行渲染。

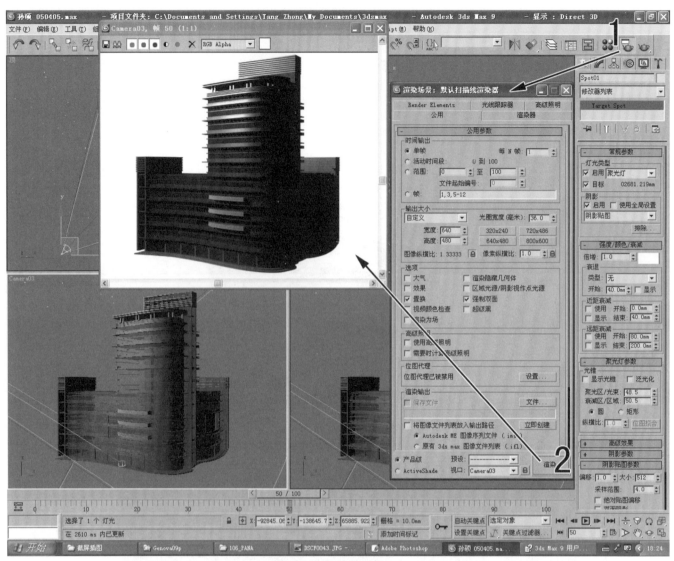

图4-2-4　渲染效果

　　在弹出的渲染窗口显示渲染效果。渲染后会发现很多的问题，最明显的就是会发现场景中没有被光照到的地方，无论是"阴"还是"影"都是漆黑一片，这是由于3ds MAX的默认扫描线渲染器渲染计算没有设置考虑光线被物体表面反射后的影响的原因。虽然使用mental ray渲染器可以"自动"解决这个问题，但却需要更为复杂的设置操作和大量的计算。为了提高效率，可以"手工"另外再设置一个辅助光源来模拟反射光。

　　泛光源（Omni Light）只需要由光源点来控制光源的位置。泛光源向四面八方发射光线，类似一个光球。由于泛光源设置简单移动方便，通常用于场景的辅助光源。

　　创建泛光源并将其放在场景中与模拟太阳的光源对应的背光靠近地面处。

　　再次渲染可以发现场景中的背光面（也就是"阴"）被照亮，被照亮的强度可以通过调整光源的Multiplier参数再进行调整，而改变泛光源的位置可以改变光照效果的均匀度。

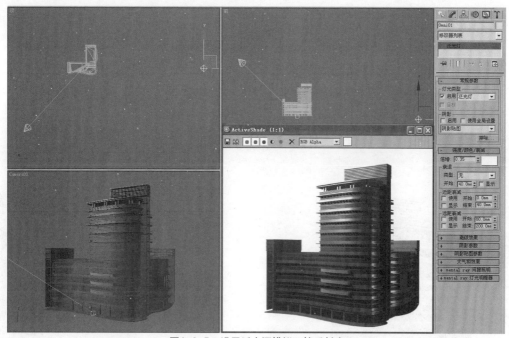

图4-2-5　设置泛光源模拟环境反射光

这时，场景中的影子由于没有被泛光源影响到，还是漆黑一片，因为相对泛光源来说，影子所处的面是背光面。这时还要在场景中与模拟太阳的光源对应的下方靠近地面处再设置一个泛光源用来模拟前面地面的反光以照亮影子范围内的区域。同样要将光源的亮度减弱，关闭产生影子的选项使其可以穿透场景中的物体，影响所有影子。

通过渲染可以发现场景中的影子范围内的区域也被照亮显示出部分细节。由于还是需要有影子效果，所以被照亮的亮度需要调整到一个合适的数值。

通过在场景中增加两个亮度较弱、关闭影子的泛光源，已经基本上完成了一般建筑外部环境白天效果的照明光源创立工作，接下去就是要分别调整这三个光源来控制画面的明暗和阴影效果。

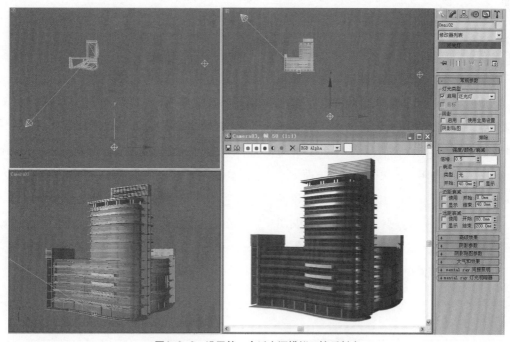

图4-2-6　设置第二个泛光源模拟环境反射光

4.2.3 调整光源

前面已经提出影子是画面构图的一个因素，具体到这个例子就可以看出其在构图中的作用了：上图中前面附楼的影子边缘与场景中其他部分的线条有一些不恰当的重合，这需要通过改变平行光源的位置来改变光线的投射角度，从而改变影子的形状。在改变平行光源的位置时注意要符合太阳运动的规律：光源越偏东、西两侧，其光线的高度角也就越低；光线越接近中间正午时分，光线的高度就越高。

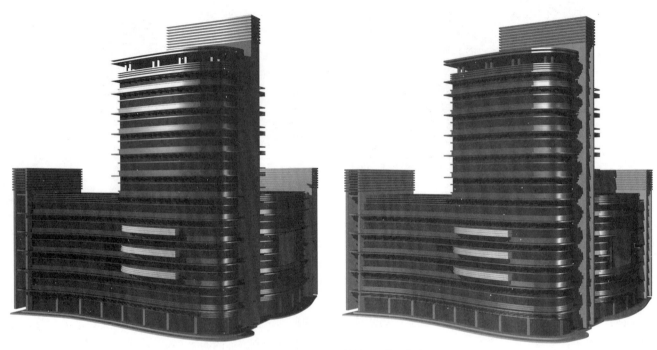

图4-2-7　影子形状调整的不同构图效果

调整了光的照射方向以后，影子的形状与位置就基本确定了。至于影子的形状与位置到底怎么样算是合适的，这主要是要根据画面构图来确定了。原则上要使影子在构图中占有合适的比例，影子所形成的线条不与画面中其他线条不恰当的重合，影子的位置与形状大致符合现实中太阳照明的效果等着几个方面。

3ds MAX中影子贴图（Shadow Map）可以产生模糊边界的影子。影子贴图有几个选项：Map Bias（贴图偏移）、Size（大小）、Sample Range（样本范围）和Absolute Map Bias（绝对贴图偏移）。其中，Map Bias（贴图偏移）定义影子偏离对象的距离，缺省值为4，如果不需要偏移可设置为1。Size（大小）定义了影子共由多少像素组成，该值越大，影子越准确，边缘锯齿越不明显，但是计算时需要占据的内存就越多，一般可以将其设置到2000左右。Sample Range（样本范围）这个参数直接影响到影子的边缘的模糊程度，该值越大，影子边缘就越模糊，这对表现建筑北立面受天光影响而产生的模糊不确定的影子很有用。Absolute Map Bias（绝对贴图偏移）可以控制各个对象的影子贴图偏离是否相同。

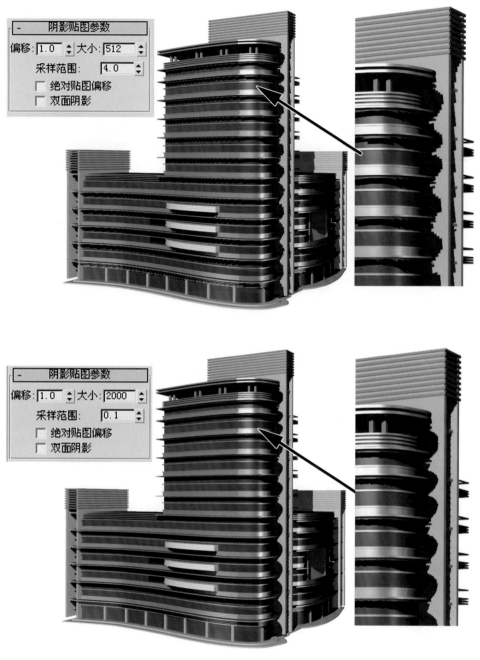

阴影贴图参数
偏移: 1.0　大小: 512
采样范围: 4.0
☐ 绝对贴图偏移
☐ 双面阴影

阴影贴图参数
偏移: 1.0　大小: 2000
采样范围: 0.1
☐ 绝对贴图偏移
☐ 双面阴影

图4-2-8　使用影子贴图（Shadow Map）

　　还有一点值得推敲的是画面中"阴"和"影"之间的亮度关系，场景中增加的两个强度较弱、关闭影子的泛光源分别控制了"阴"和"影"的亮度，这样就比较容易分别调整。通常，物体的"阴"面虽然没有被阳光直接照射，但是却比较多的接受了周围物体的反光。例如上图中附楼的阴面就会接受主楼墙面的反光，因此会稍微亮一些。而"影"却较少受到其他反射光线的影响，并且与受光面对比强烈，因此会稍微暗一些。然而"阴"和"影"都会受到大气对阳光散射的影响，因此它们与受光面的亮度差就是大气对阳光散射强弱影响的结果。在现实中，早上和傍晚大气对阳光散射影响较强，"阴"和"影"相对受光面就会比较亮一些；中午大气对阳光散射影响较弱，"阴"和"影"相对受光面就会比较暗一些。这种相对的亮与暗就是画面的明暗反差，而对这种反差的控制对于画面最终效果的影响是比较大的，它可以直接影响画面的气氛和情调，是获得优质计算机建筑渲染表现图的重要因素之一。

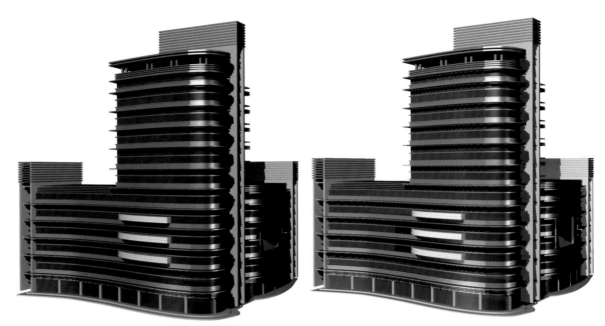

图4-2-9　"阴"和"影"之间的亮度关系

对于位于北回归线以北地区建筑的北立面，实际上是永远不会被阳光照射到的。这样这个立面上就不会有阳光投射下来的影子，但是由于空气的散射作用，天空的光线对这个立面的作用就会成为主要因素。天光会在建筑立面上产生模糊的不确定的影子，这时用计算机渲染时就要通过在软件中设置光源的影子参数来形成这样的影子。

很多时候建筑的北立面并不是完全面对正北，有时会偏东或偏西，这样在夏天的早晨或傍晚就会有阳光照射。这时就可以取这种时刻产生的侧逆光的效果，既保证了画面的真实性，又可以丰富画面。

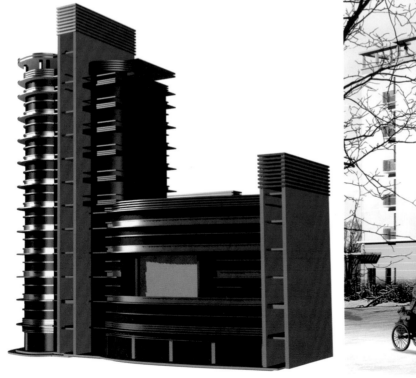

图4-2-10　用侧逆光表现建筑偏北立面

经验让我们认为白天日光是白色的，并自然认为在白天直射太阳光下对象的色彩是最真实的，可以很好地表现建筑本身材料的色彩。然而其实所谓"白色"的光并不完全都是真正的白色，太阳光的色彩与色调是随时间、季节、气候变化而变化的，但是给予人们的印象基本上是白色，这是因为人的视觉系统可以在很大的范围内自动识别和校正色彩偏差。

在摄影中有一个色温的概念，晴天正午白色阳光与天光混合产生的色温为5500K，在这样的阳光照明下的对象能够比较好地反映出其"固有色"。当早晨与傍晚的阳光经过较厚的空气影响后，波长比较短的蓝紫光被滤掉一部分，这时色温就相对较低。这时场景中光的色彩偏暖色调，被这种光线照射的对象也偏暖，而其阴影相对就更为偏冷。

在建筑表现中通常要尽量表现对象的"固有色"，因此使用计算机渲染软件中的灯光时也要尽量使用白光。然而对于白色的建筑如果使用白光来照明就容易使画面过于苍白和单调，这就需要在不会产生误会的情况下使模拟阳光的光源略微带上一些暖色调，而让照亮"阴"和"影"的光源略微带上一些冷色调。

在晴朗的天气里，阳光的颜色为淡黄色：例如，RGB值为250、255、175(HSV 45、80、255)。多云的天气，阳光受空气中水汽影响为浅蓝色，暴风雨的天气，阳光为深灰色。空气中的粒子可以将阳光染为橙色或褐色。在日出和日落时，颜色可能比黄色更红。

图4-2-11　暖色调效果

4.3 室外人工照明（夜景）

　　建筑在夜间可以因设计的各种人照光源照明而变得绚丽多彩，这就使得建筑的夜景也变得十分重要。

　　建筑的夜景有两种状态：一种是在自然状态下，建筑物内部有灯光透过门窗等洞口向外发出，还有周围环境如路灯光和其他建筑内部发出的光线照亮建筑。另一种是特意经过设计，在建筑上或其周围布置大型室外灯具来产生特殊的照明效果。

图4-3-1　建筑夜景照明效果

94

4.3.1 建筑夜景照明

经过特意设计的建筑夜景就需要用计算机来渲染模拟其效果。由于是经过设计且使用人造光源，这样的效果是可以使用一些专业的灯光设计软件来模拟的。3ds MAX虽然不是专业的灯光设计软件，但是通过适当的光源布置与设置也可以大致模仿这类夜景场面。

目前的建筑夜景室外照明主要是使用一些具有较高亮度和饱和度的彩色灯具自下而上地对建筑外立面进行照明。在3ds MAX软件中可以使用其提供的"目标聚光源"（Target Sport Light）来模拟这类灯具。

人造灯具照射的范围相对建筑物来说较小，所以可以在建筑外立面照明上看出聚光源的聚光区（Hotspot）和散光区（Falloff）这两个部分，要自然模拟现实中人造灯具的光线衰减效果就要利用目标聚光源散光区的照明效果。由于有多个光源共同照亮，多个光源相互之间叠加会产生丰富的光影变化。

建筑夜景室外照明是通过专门设计的，在表现时就要了解设计者的想法，努力去实现设计目标。因为3ds MAX中光源与现实中的灯具并不是完全相同，不能以灯具形式、功率和投射距离等参数计算光源亮度，而且建筑夜景照明的光源较多，在每一个光源亮度的控制上就要适当注意，这就要从画面的实际效果出发结合生活和设计经验来布置光源而不是仅仅根据实际设计的灯具来布置光源，这是做建筑夜景需要反复推敲的地方。这一点在其他人工设计照明场景中也是十分重要的。

4.3.2 夜景环境光

城市中的黑夜并非完全是黑暗的，除了设计照明建筑的灯光以外，城市中还有大量的环境光，例如路灯光、霓虹灯、灯箱广告和其他建筑内部发出的光线，因此夜景中灯光的阴影还是有其他光线影响的，这样同白天阳光下的建筑渲染表现时的光源设置一样，也要设置一至两个泛光源（Omni Light）用来使灯光夜景中的阴影有必要地照明以产生一定的细节。

图4-3-2 泛光源在夜景中模拟环境光

4.3.3 夜景建筑内部光亮

建筑的夜景表现同时也包括建筑内部透过门窗等洞口向外发出的灯光，目前已经开始有所谓"内光外透"的建筑夜景照明设计，在使用计算机渲染表现时也要表现这一点。多层或高层建筑上部窗洞的灯光如果在画面中比例较小的话可以不必单独设置光源照明，只要将渲染软件材质中的自发光属性赋予该窗玻璃或者室内墙体就可以了。关于材质的自发光属性设

置将在后面介绍材质的章节里详细叙述。

对于建筑底层大面积的门窗还要注意到内部灯光对室外的影响，需要设置一些带有影子的泛光源来产生这样的效果。泛光源可以布置在门窗内靠后上部位，设置影子使用影子贴图（Shadow Map）使其比较模糊，以产生室内多灯同时照明的影响。

图4-3-3　建筑内部光源影响效果

建筑室外夜景照明往往使用一些色彩饱和度较高的彩色灯光，这种光的光谱不是连续的，例如现在城市路灯普遍使用的高压钠灯只具有黄橙波长的光谱而没有蓝绿光谱。在使用这些灯光时要注意对象的颜色会被严重歪曲，在只有黄橙光照射的场景中，白色物体呈现出橘黄色，而蓝色的物体会变成黑色。

建筑室外夜景中还有很多特殊效果，例如逆光物体的轮廓光、霓虹灯的漫射光、高光处的星光效果及其他各种光的空气漫射效果。这些效果虽然也可以通过利用渲染软件提供的一些功能加以模拟，但是这种具有绘画效果的意境如果在画面后期图像处理时再使用专业图像处理软件调整会达到事半功倍的高效率结果。

4.4 室内照明

建筑的室内空间是建筑的更重要的部分，更需要表现室内的空间形态、色彩、质感。而要能够观察室内空间同样需要照明，且由于室内在很多时候需要经过设计的人工照明，表现室内人工照明设计也成为计算机渲染的任务。

4.4.1 简单室内空间

建筑的室内空间最常见的就是矩形封闭或半封闭空间。一般由地面、墙面（有时其上有或大或小的窗）和天花构成。这种空间通常因为功能明确从而不论其设备多寡和装饰简繁都可以认为是简单室内空间，比较典型的如办公室、会议室、教室、起居室、旅馆客房等等。

先分析这样简单室内空间的照明构成：首先如果该室内空间有对外门窗的话，白天的自然光将是照明室内的主要光源。从外进入的光线有直射进入室内的阳光，而更多的是空气散射的天光在照明室内，还有就是这些光线在室内各个面上的反射光线。

在建筑渲染表现建筑室内空间效果时，一般很少仅仅表现室内空间只有室外自然光照明的效果。这是因为自然光照明下的建筑室内空间如果有阳光直射的话，室内明暗反差很大，光线也十分不均匀；如果全由空气散射的天光照明的话，室内光线虽然均匀但是比较平淡无奇。同时作为室内设计重要组成部分的照明设计效果没有得到表现。

室内灯具在室外光线不足时将成为照亮室内的主角。室内设计中，室内照明的设计十分重要。一般在设计时根据照明目的将照明分为三大类：一类是为了均匀照明室内的普遍照明；另一类是为了照亮局部的重点照明；第三类就是为了增加效果的装饰性照明。当然由于这些照明共同作用于同一室内空间，有时功能上也会重叠。

图4-4-1　简单室内空间人工照明

如果没有使用需要费时大量运算的"辐射渲染"或"光能传递"的计算机渲染程序来计算光线多次反射的效果，而使用3ds MAX软件普通的渲染模式，在

如图4-4-2的场景中的建筑室内设置一个泛光源并不能像在现实中一样，在空气中产生光亮从而照亮整个房间。

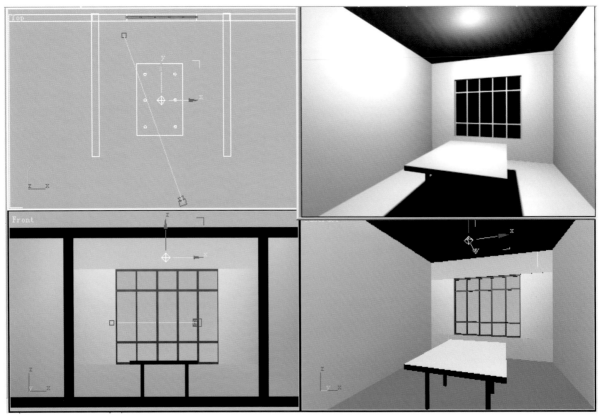

图4-4-2　场景设置一个泛光源的效果

从上图可以看出来，墙面与地面都被照亮，但是天花板的照明效果与一般日常生活经验有所不同，室内家具的阴影都是漆黑一片。这是由于3ds MAX R3的普通光源计算方法是只在其照射到的表面投射光，而且光投射到这些表面之后不再反射出来影响其他表面，这样场景中天花板和家具的阴影就没有这些反射光的作用。由于场景中泛光源（Omni Light）布置在接近天花板的位置，这使天花板的照明非常不均匀，只在光源附近产生一个光斑而周围迅速变暗。室内家具的阴影由于没有被光源直接照到，自然就是纯黑色。

同在室外布置光源一样，在场景中再增加两个泛光源分别来照明"阴"与"影"。照明"阴"的光源平面位置可以布置在场景前部接近照相机的附近。有点类似在现实摄影中用闪光灯补光的做法。这时水平移动该泛光源还会影响到左右侧墙的照明效果，尽管在

现实中左右侧墙的照明是一致的，但在表现画面的明暗控制中，有时要根据画面构图的需要分别控制两侧墙的照明效果，让在画面构图中占次要作用的侧墙与相应其他墙面的照明效果有所区别，对总体画面比较明亮的图来说次要墙面更亮，而对于对总体画面比较暗的图来说次要墙面更暗。为了能够让天花板上的照明比较均匀，可以利用这个泛光源，将该泛光源垂直位置布置在远离天花板的地面以下，这样就可以均匀照亮天花板。这时还要减弱原来泛光源的亮度，这是因为室内空间较小，两个光源会相互影响的缘故。照亮"阴"的泛光源要求亮度较小且不投射影子，因为如果这个泛光源产生影子的话，就不能透过地板照亮场景。通过这样设置就可以模仿周围墙面反光，效果更接近现实。

照明"影"的泛光源布置的位置与照明"阴"的泛

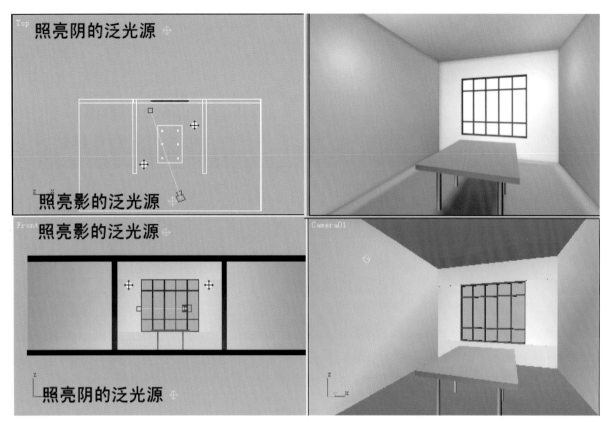

图4-4-3 设置泛光源模拟周围反光照亮"阴"和"影"

光源相对，一般布置在远离相机位置天花板以上。同样其平面位置也会影响左右侧墙的照明效果，还要减弱原来泛光源的亮度，也要求亮度较小且不投射影子。

通过在场景中布置这样三个泛光源已经基本上达到了均匀照明室内的普遍照明的效果。而在实际照明实施时，为了达到这个目的具体的灯具布置是可以有多种方法的，而且灯具的具体造型也是千变万化的，还有一些同时会具有装饰的功能，但是只要这些灯具设计的目的是为了均匀照明室内，就可以在用计算机渲染软件时用少量的光源达到设计和实际的效果，这是因为在3ds MAX R3软件的场景中，光源与灯具造型是分开来的。在3ds MAX R3软件中，光源是一个几何意义上的点，没有大小、长短，更没有体积，被光源照亮对象表面的亮度与光源距离该对象的远近可以没有

关系，其实由于光源距离对象越远，对象被照明的均匀度就越好，得到的照明效果就越亮。在前面例子中，当场景中只有一个泛光源时，距离泛光源远的地面与墙面比距离泛光源近的天花板反而更亮就是这个道理。

就前面这个例子，如果产生均匀照明的灯具不是布置在房子中间而是偏于两侧的话，室内家具的影子就会发生变化，会比产生影子的桌面要小一些，这时只要将原来房子中的泛光源一分为二就可以了。

在使用3ds MAX这样的非照明设计专业软件时，如果一味像现实中布置灯具一样在场景中布置光源就会很难达到理想的效果。例如：现实中有时为了达到均匀照明室内的目的，会用均匀阵列布置小型点光源的方法，即所谓"满天星"的照明设计。如果在计算机渲染软件的场景中也一样，在天花板上设置成百上千的光源就会使得工作效率非常地低。

4.4.2 室内空间重点照明

仅有均匀照明的室内照明是十分平淡的，大部分室内设计在努力使大部分区域均匀照明的同时，还会创造一些戏剧性的照明效果以引起人们对建筑细部或者室内其他布置的注意。

在场景中需要重点照明的地方通过设置软件提供"目标聚光源"（Target Sport Light）可以产生类似现实中射灯投射的光斑。在现实中，灯具的设计不同也会投射出不同的光线，灯具灯罩的深浅、灯前是否有聚光透镜、柔光设施等，都会影响灯具照明的效果。这些效果反映到画面上就是由灯具照明产生光斑的大小、亮度、反差、光斑边缘的清晰与模糊、光斑内照明的均匀性等。在渲染软件中要达到这些效果就需要通过反复调整"目标聚光源"的强度、光源位置、目标点位置、聚光区（Hotspot）和散光区（Falloff）的大小与形状来实现。

同样，由于"目标聚光源"并不能完全模拟现实中

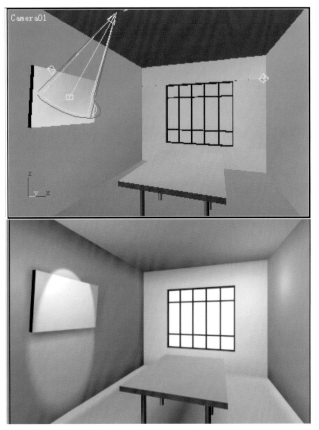

图4-4-4 设置目标光源模拟重点照明

的灯具，在调整光源的这些参数时需要在了解照明设计意图的前提下，根据场景渲染的画面效果来进行调整。

事实上，场景中灯具的模型只是提供一个产生照明效果的画面依据，有时还需要通过关闭这些灯具模型产生影子的特性来避免灯具本身的影子。

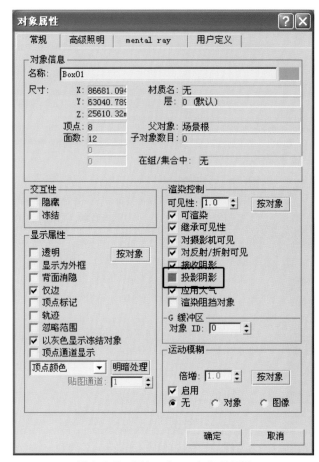

图4-4-5 "Object Properties"设置框

在现实中有管状的线性灯具存在，最常见的就是日光灯管。由于目前3ds MAX R3软件并没有提供这种光源，这就需要用"目标聚光源"（Target Sport Light）中矩形（Rectangle）光锥来进行模拟。由于管状的线性灯具发出的光比较分散，其产生的光斑边缘就比较模糊，相对就比较柔和。掌握这些特点之后就可以根据这些特点仔细调整"目标聚光源"的强度、光源位置、目标点位置、聚光区（Hotspot）和散光区（Falloff）的大小来产生设计需要的画面效果。

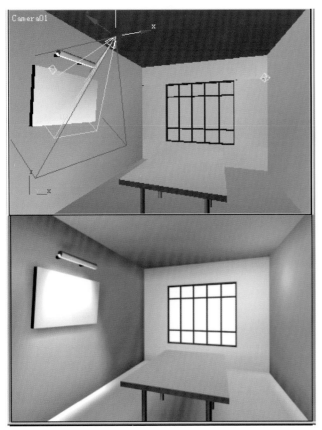

图4-4-6　设置目标聚光源模拟日光灯管

上图显示如何设置光源的参数来模拟管状灯具的照明效果。首先，在设置光源的位置时不能将光源放在灯具的实际位置上，这是因为光源尽管发出的光锥是矩形的，但其本身还是点光源，实际灯具的位置距离对象太近，没有足够的距离扩展照明范围。

为了能够产生比较柔和的照明效果，使其产生的光斑边缘比较模糊分散，就要调整聚光区（Hotspot）和散光区（Falloff）的大小，让聚光区相对缩小，散光区相对调大，使得光斑能够在一个较大的范围内扩散。在聚光区（Hotspot）和散光区（Falloff）参数调整的对话框下面就是设定光锥形状的选择项。Circ表示圆形（Circle）光锥，而选中的Rectang代表矩形（Rectangle）光锥。而下面的Aspect可以调整光斑纵横比。

在软件场景中可以看出画面里的灯具只是一个模型，其中看上去发亮的白色灯管部分其实只在材质上赋予

了自发光的特性而已。尽管矩形目标聚光源是点光源而且位置并不在灯具模型里，但经过仔细调整设置还是可以产生令人信服的照明效果。

矩形的"目标聚光源"（Target Sport Light）还

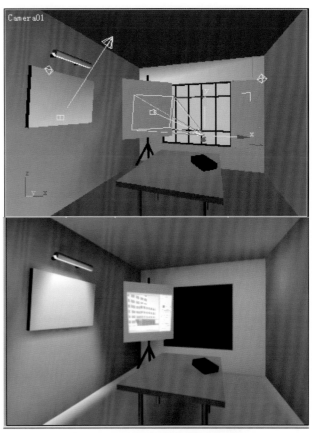

图4-4-7　设置目标聚光源模拟投影仪

可以模拟幻灯机或投影仪的照明效果。在光源设置参数中有Projector Map的设置，可以选择任何图像文件作为幻灯片投射到屏幕上。当然在设置时也要适当调整，例如光源的位置适当高于作为桌上投影仪的模型位置以避免所投射的画面梯形变形过于强烈，这也可以算作投影仪所具备的所谓"梯形校正"功能。

矩形的"目标聚光源"（Target Sport Light）模拟幻灯机或投影仪的功能还能够比较高效率地模拟一些光线透过复杂物体照明的效果。如表现阳光透过树叶或云层产生的斑驳的照明。

图4-4-8　设置目标聚光源模拟阳光透过树叶

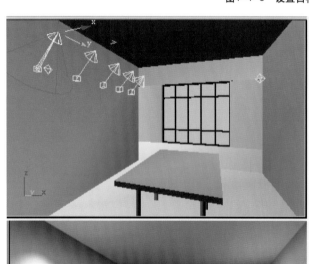

图4-4-9　设置目标聚光源模拟波浪形的照明效果

在室内的照明设计中，不仅灯具本身可以作为装饰品，灯具投射的光影变化也是室内设计中的一个烘托气氛的元素。最常见的是在原本十分平淡的空墙面上布置一列射灯，让射灯投出的光斑相互交叠，产生跳跃变化的波浪形的照明效果。

投射这类光影的灯具一般是小型射灯，因此使用圆形的"目标聚光源"（Target Sport Light）并将聚光区（Hotspot）尽量设置得较小而将散光区（Falloff）设置到与相邻光源的散光区交叠。

要达到这样的效果关键还在于每一个光源的特性都要一样，这在3ds MAX软件中可以在复制（移动的同时按住Shift键）光源时选择使用建立参考物（Reference）做到，这样只要调整第一个光源的参数，以后复制的光源参数也同时变化。

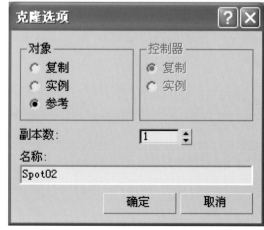

图4-4-10　复制光源时选择使用建立参考物

4.4.3 室内空间的室外光

多数建筑室内都有对外的门窗，透过这些门窗的光线是白天照明室内的主要光源，在建筑室内表现中也不能忽视这些室外自然光的作用，那些有大面积自然采光的建筑室内基本上是要按照表现室外建筑的方式来表现；从小面积的窗口投射在室内的光影也是画面中能够创造气氛的重要组成部分。

在场景中引入室外阳光要注意同室内照明的光比，一般室外阳光的亮度要远远大于室内的人造光源，只有在早晨和傍晚阳光才可以低照度、低角度地与室内光源达到平衡。

图 4-4-11　室内空间被室外自然光照明的效果

4.4.4 复杂室内空间

在建筑设计中还有一些复杂的大型室内空间，这种空间是由多个空间穿插组成，而且这些空间不仅在水平方向组合，还通过越层的大空间在垂直方向进行组合，这种被称为"中庭"的"共享空间"在大型的公共建筑中使用得非常多。

现实中，这样的大厅中人工照明用的灯具数量众多，如果简单地按照实际的灯具来设置计算机渲染软件中的光源，在布置光源和进行渲染运算时所需要耗费的资源会使工作的效率变得很低。

在解决这类复杂的大型室内空间设计的计算机渲染表现时就更需要从设计者希望达到的效果出发来布置计算机渲染软件中的光源。

在建筑室内空间照明的设计原则中，提供柔和均匀的照明是多数公共空间的设计原则之一。为了达到这样的效果，在照明大面积的室内空间时就会使用均匀布置的小型灯具"满天星"分散照明或者使用"发光顶棚"这样的大面积均匀间接照明方式等。在实际建筑室内照明的设计中，这类产生大面积均匀普遍照明的手段和灯具还有很多，有时这类灯具本身的造型还是室内装饰的一部分，例如大型的枝形水晶吊灯。在这种灯具照明下的建筑室内空间被均匀照亮的同时，室内物体也不会有非常强烈的阴与影，室内多数物体只是依靠其自身的外形表现其体积与质感。

在复杂的大型室内空间内还包含与之相连的小空间，这些小空间有些是相对独立，通过门、窗、走道相连，有些就是大空间的一部分，通过家具、隔断或者地面与天花板的变化加以限定，这些小空间的照明本身也是要求柔和均匀，但是相对与之相连或限定的大空间而言，就会根据这些空间的性质有所变化。需要强调和引导的空间就比较明亮，需要安静和隐蔽的空间就会比较阴暗一些。

图4-4-12　复杂室内空间照明的效果

室内光源的设置中是从室内照明设计的效果出发布置软件中的光源和调整参数。在室内有些灯具的装饰性功能远远要比其照明的功能大，对于这样的灯具在使用计算机渲染表现时可以仅仅通过赋予自发光材质来解决而不需要专门设置光源，甚至可以在图像处理的后期通过拼贴图片的方式来表现。

有些复杂空间会有顶部天窗和侧面大面积玻璃幕墙。由于观察角度的原因很难将其反映到画面中，可以通过在画面中的地面上投射其影子的方式将其表达出来，同时这些影子还使地面上的光影变化变得丰富起来，还有就是能够体现复杂空间对外的开敞性。

在具体布置时选用目标聚光源或平行光源来模拟室外光源，在布置光源位置时主要是要观察投射到大厅内影子的位置形状在画面构图中的影响。如果室外光源的位置较低，影子就会退缩到空间的后部；如果室外光源的位置较高，光线就会较少射入到室内。影子的边缘可以略微有些模糊以反映室内光线的影响。

图4-4-13　复杂室内空间的室外光影响

4.5 体积光环境效果

在建筑设计中还有依靠光线本身作为造型手段的，例如有些宗教建筑的室内，这种效果已经不再是单纯为了照明建筑室内。

使用"添加大气或效果"对话框可以将大气或渲染效果与灯光相关联。列表显示大气/或渲染效果。该列表只显示与灯光对象相关联的大气和效果，或将灯光对象作为它的装置。其中的"体积光"是根据灯光与大气（雾、烟雾等）的相互作用提供灯光效果。

此插件提供泛光灯的径向光晕、聚光灯的锥形光晕和平行光的平行雾光束等效果。如果使用阴影贴图作为阴影生成器，则体积光中的对象可以在聚光灯的锥形中投射阴影。

图4-5-1 体积光环境效果

"体积光参数"卷展栏包含以下控件：

"灯光"组

"拾取灯光"：在任意视口中单击要为体积光启用的灯光，可以拾取多个灯光。单击"拾取灯光"，然后按 H。此时将显示"拾取对象"对话框，用于从列表中选择多个灯光。

"体积"组

"雾颜色"：设置组成体积光的雾的颜色。单击色样，然后在颜色选择器中选择所需的颜色。通过在启用"自动关键点"按钮的情况下更改非零帧的雾颜色，可以设置颜色效果动画。与其他雾效果不同，此雾颜色与灯光的颜色组合使用。最佳的效果可能是使用白雾，然后使用彩色灯光着色。

"衰减颜色"：体积光随距离而衰减。体积光经过灯光的近距衰减距离和远距衰减距离，从"雾颜色"渐变到"衰减颜色"。单击色样将显示颜色选择器，这样可以更改衰减颜色。

"衰减颜色"与"雾颜色"相互作用。例如，如果雾颜色是红色，衰减颜色是绿色，在渲染时，雾将衰减为紫色。通常，衰减颜色应很暗，中黑色是一个比较好的选择。

"指数"：随距离按指数增大密度。禁用时，密度随距离线性增大。只有希望渲染体积雾中的透明对象时，才应激活此复选框。

"密度"：设置雾的密度。雾越密，从体积雾反射的灯光就越多。密度为2%～6%可能会获得最具真实感的雾体积。

"最大亮度%"：表示可以达到的最大光晕效果（默认设置为90%）。如果减小此值，可以限制光晕的亮度，以便使光晕不会随距离灯光越来越远而越来越浓，以致出现"一片全白"。如果场景的体积光内包含透明对象，请将"最大亮度"设置为 100%。

"最小亮度%"：与环境光设置类似。如果"最小亮度%"值大于0，光体积外面的区域也会发光。注意：这意味着开放空间的区域（在该区域，光线可以永远传播）将与雾颜色相同（就像普通的雾一样）。

如果雾后面没有对象，若"最小亮度%"值大于0

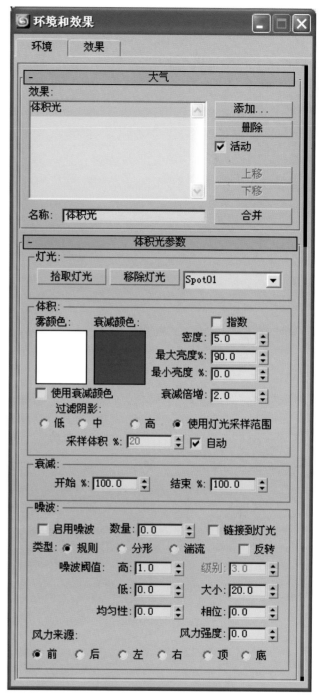

4-5-2 "体积光参数"卷展栏

（无论实际值是多少），场景将总是像雾颜色一样明亮。这是因为雾进入无穷远，利用无穷远进行计算。如果要使用的"最小亮度 %"的值大于0，则应确保通过几何体封闭场景。

"衰减倍增"：调整衰减颜色的效果。

"过滤阴影"：用于通过提高采样率（以增加渲染时间为代价）获得更高质量的体积光渲染。其中包括以下选项：

"低"：　不过滤图像缓冲区，而是直接采样。此选项适合8位图像、AVI文件等。

"中"：　对相邻的像素采样并求均值。对于出现条带类型缺陷的情况，这可以使质量得到非常明显的改进。速度比"低"要慢。

"高"：　对相邻的像素和对角像素采样，为每个像素指定不同的权重。这种方法速度最慢，提供的质量要比"中"好一些。

"使用灯光采样范围"：　根据灯光的阴影参数中的"采样范围"值，使体积光中投射的阴影变模糊。因为增大"采样范围"的值会使灯光投射的阴影变模糊，这样使雾中的阴影与投射的阴影更加匹配，有助于避免雾阴影中出现锯齿。

提示：对于"使用灯光采样范围"选项，灯光的"采样范围"值越大，渲染速度越慢。不过，对于此选项，如果使用较低的"采样体积%"设置，通常可以获得很好的结果，较低的设置可以缩短渲染时间。

"采样体积%"：　控制体积的采样率。范围为1到10,000（其中1是最低质量，10,000是最高质量）。

"自动"：　自动控制"采样体积%"参数，禁用微调器（默认设置）。预设的采样率如下："低"为8；"中"为25；"高"为50。

因为该参数最大可以设置为100，所以，仍有设置得高一些的余地。增大"采样体积%"参数肯定会减慢速度，但是有时，用户可能需要增大该参数（为了获得非常高的采样质量）。

"衰减"组

此部分的控件取决于单个灯光的"开始范围"和"结束范围"衰减参数的设置。以某些角度渲染体积光可能会出现锯齿问题。要消除锯齿问题，请在应用体积光的灯光对象中激活"近距衰减"和"远距衰减"设置。

"开始 %"：　设置灯光效果的开始衰减，与实际灯光参数的衰减相对。默认设置为100%，意味着在"开始范围"点开始衰减。如果减小此参数，灯光将以实际"开始范围"值（即更接近灯光本身的值）的减小的百分比开始衰减。

因为通常需要平滑的衰减区，所以，可以保持此值为0，无论灯光的实际"开始范围"是多少，这样总是可以获得没有聚光区的平滑光晕。

"结束%"：　设置照明效果的结束衰减，与实际灯光参数的衰减相对。通过设置此值低于100%，可以获得光晕衰减的灯光，此灯光投射的光比实际发光的范围要远得多。默认值＝100。

"噪波"组

"启用噪波"：　启用和禁用噪波。启用噪波时，渲染时间会稍有增加。

"数量"：　应用于雾的噪波的百分比。如果数量为0，则没有噪波。如果数量为1，雾将变为纯噪波。

"链接到灯光"：　将噪波效果链接到其灯光对象，而不是世界坐标。

通常会希望噪波看起来像大气中的雾或尘埃，随着灯光的移动，噪波应该保持世界坐标。不过，对于某些特殊效果，可能需要将噪波链接到灯光的坐标上。在这种情况下，启用"链接到灯光"。

"类型"：　从三种噪波类型中选择要应用的一种类型。

"规则"：　标准的噪波图案。

"分形"：　迭代分形噪波图案。

"湍流"：　迭代湍流图案。

"反转"：　反转噪波效果。浓雾将变为半透明的雾，反之亦然。

"噪波阈值"：　限制噪波效果。如果噪波值高于"低"阈值而低于"高"阈值，动态范围会拉伸到填满0-1。这样，在阈值转换时会补偿较小的不连续（第一级而不是0级），因此，会减少可能产生的锯齿。

"均匀性"：作用类似高通过滤器：值越小，体积越透明，包含分散的烟雾泡。如果在-0.3左右，图像开始看起来像灰斑。因为此参数越小，雾越薄，所以，可能需要增大密度，否则，体积雾将开始消失。范围为-1至1。

"级别"：　设置噪波迭代应用的次数。此参数可设置动画。只有"分形"或"湍流"噪波才启用。范围为1至6，包括小数值。

"大小"： 确定烟卷或雾卷的大小。值越小，卷越小。

"相位"： 控制风的种子。如果"风力强度"的设置也大于0，雾体积会根据风向产生动画。如果没有"风力强度"，雾将在原处涡流。因为相位有动画轨迹，所以可以使用"功能曲线"编辑器准确定义希望风如何"吹"。

风可以在指定时间内使雾体积沿着指定方向移动。风与相位参数绑定，所以，在相位改变时，风就会移动。如果"相位"没有设置动画，则不会有风。

"风力强度"： 控制烟雾远离风向（相对于相位）的速度。如上所述，如果相位没有设置动画，无论风力强度有多大，烟雾都不会移动。通过使相位随着大的风力强度慢慢变化，雾的移动速度将大于其涡流速度。

此外，如果相位快速变化，而风力强度相对较小，雾将快速涡流，慢速漂移。如果希望雾仅在原位涡流，应设置相位动画，同时保持风力强度为0。

"风力来源"： 定义风来自于哪个方向。

这些效果的适当使用可以给画面建立某种情调，而在建筑表现中根据建筑的特点建立符合场景的情调将会更有表现力。

在3ds MAX中使用体积光可以创造出的各种场景情调，但是这些参数的设置是十分复杂的，而且由于计算体光积还需要增加计算机的计算工作量，所以在有些情况下会通过其他后期图像处理软件来模拟，这样可以提高工作效率。

建筑室内设计表现画面中的明暗与阴影控制主要是由其照明设计决定的。这比建筑外观的表现要复杂得多，这不仅表现在光源的数量上，更主要是在照明设计的多样性。目前只有从设计意图出发来追求设计希望的效果才会事半功倍地用计算机渲染软件中光源特性，通过巧妙布置让少量的光源达到多光源的效果，这是需要反复强调的。

4-5-3 "体积光"应用效果

4.6 灯光动画

灯光对象也可以产生动画。在建筑设计中会有要用动画表现建筑日照阴影的需求。即表现建筑在一天中阳光照射建筑产生阴影的变化过程，用于分析建筑的阴影造型和对周围建筑的影响。灯光对象也可以产生动画。

在建筑设计中会有要用动画表现建筑日照阴影的需求。即表现建筑在一天中阳光照射建筑产生阴影的变化过程，用于分析建筑的阴影造型和对周围建筑的影响。

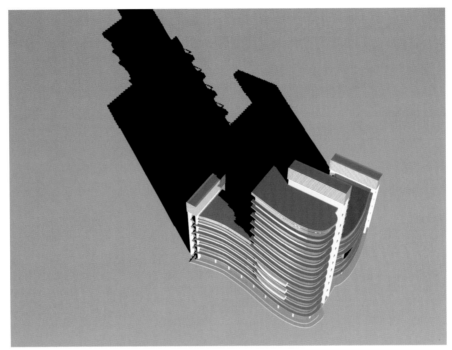

图 4-6-1　建筑日照分析

与摄影机动画使用的手动设置各个关键帧方式有所不同，日照分析动画中的模拟太阳的灯光对象的运动是要按照特定的太阳运行轨迹移动的。通过建筑所在地的经纬度和日期可以获得当日太阳运行的轨迹。

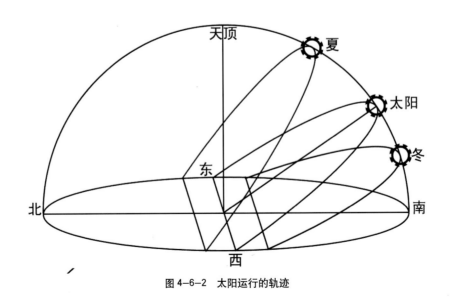

图 4-6-2　太阳运行的轨迹

太阳运行轨迹是与地面相交的一段圆弧。圆弧所在平面与地面的夹角与建筑的地理位置和日期相关。可以精确查出并在场景中建立太阳运行的轨迹圆弧。

在场景中创立目标平行灯光模拟太阳后，选中该灯光后在"动画"菜单中的"约束"一栏中点取"路径约束"，而后再视口中选取场景中建立的太阳运行轨迹圆弧。这样灯光的移动就被约束在了这根圆弧线之上。

在设定了动画总的时间长度或帧数量后只要设置两个关键帧，即起始帧和结束帧。在设置关键帧时移动灯光会发现灯光的移动已经被约束在了圆弧线上。这样产生的日照分析动画就非常的精确。

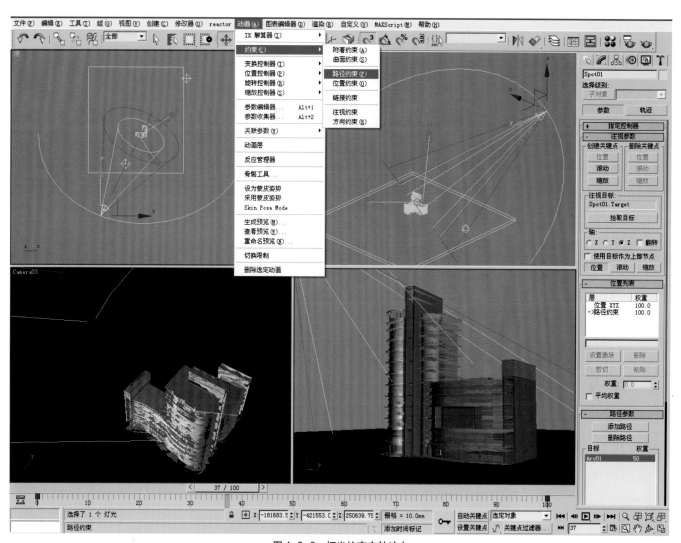

图 4-6-3　灯光约束在轨迹上

除了灯光对象，摄影机和物体都可以被约束在事先创建的轨迹上运动。这样在建筑动画中就可以模拟摄影机沿着确定轨迹行进的动画效果和场景中汽车沿着道路行驶的效果。

练习作业：设置灯光与日照分析动画

作业要求：

在场景中设置灯光产生阴影，调整灯光位置与参数以体会和理解建筑阴影效果和照明的关系。创建灯光的轨迹动画，产生日照分析动画。

作业步骤：

1. 打开RMex08.max文件。

2. 使用"创建"面板下"灯光"内"目标聚光灯"创建具有目标的聚光灯模拟太阳。

3. 启用阴影，并渲染摄影机视口观察效果。

4. 调整阴影参数，使阴影效果更好。

5. 创建"泛光灯"模拟环境光照亮阴和影。

6. 移动和调整各个灯光的位置和参数，使得阴影明暗合适。

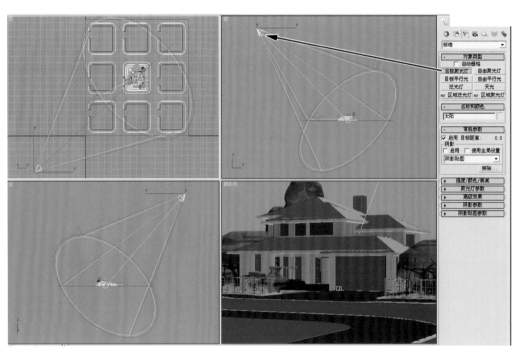

图 4-7-1　创建目标聚光灯模拟太阳

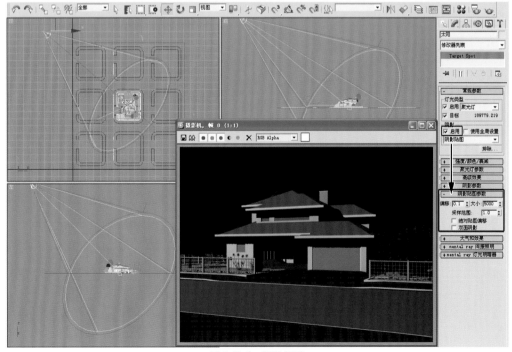

图 4-7-2　调整阴影

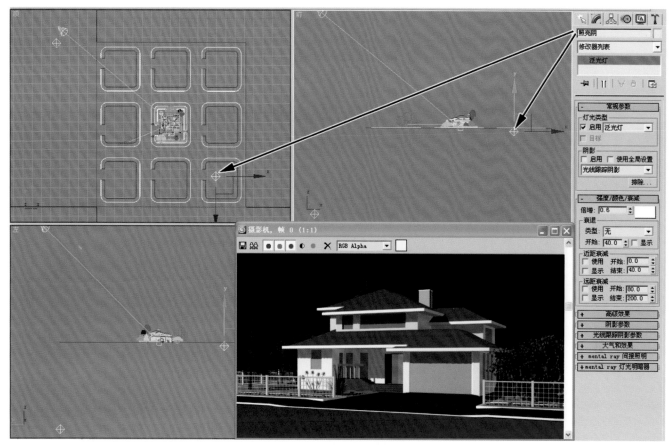

图4-7-3 "泛光灯"模拟环境光

7. 打开RMex11. max文件。

8. 选择模拟太阳的目标聚光灯后，使用菜单"动画"中的"约束"内"路径约束"工具，将聚光灯的运行路径约束到"太阳轨迹"弧线上。

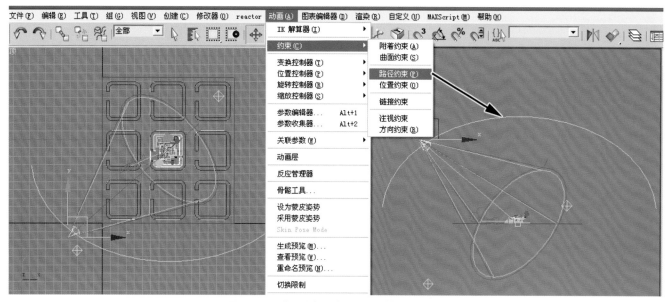

图 4-7-4　将聚光灯约束到"太阳轨迹"弧线上

9. 渲染顶视图动画，观察建筑影子变化的过程。

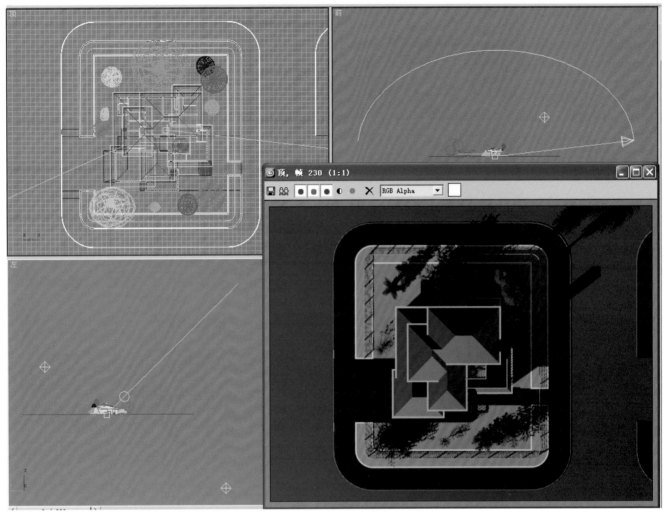

图4-7-5 渲染日照分析动画

建议课时：

1课时内基本完成照明与日照动画关键帧的设置。动画的调整和渲染可以根据操作情况在课后完成。

作业提示：

1. 选择"贴图阴影"渲染比较快，但效果较差，需要调整参数改善。

2. "光线跟踪"阴影效果好，但是渲染时间较长，对于建筑室外较大场景不建议使用。

3. 调整灯光时要使得阴影位置和明暗都比较合适，符合现实情况。

4. 日照分析动画长度也设置成300帧（NTSC标准10秒）就够了。

5. 动画渲染要求同摄像机动画，渲染视口则选择"顶"视口。

6. 操作过程及结果参见RMex012.max、RMex12.avi文件。

第五章　材质编辑

在建筑表现中对建筑材料质感的表现也十分重要。建筑材料非常丰富，除了砖、石（混凝土）、玻璃、金属以外还有木材、纺织品、皮革等等。这些材料不仅自身有着特定的特性（颜色、纹理、透明、凹凸），相互之间还由于光的作用而相互影响。只有通过仔细分析才能让模型表面的材质真实可信。

在建筑渲染表现中通过表现令人信服的质感和色彩，使建筑更具有真实性。虽然计算机渲染软件能够比传统的水彩和水粉绘画更容易创造出材质的纹理和颜色，但要表现得完美却需要同时了解现实材料的特性和计算机渲染软件处理的方式。本章将介绍如何理解材料质感和在计算机渲染软件中创建并赋予材质。

5.1 材质编辑器

3ds MAX 软件经过多年发展，已经具有了非常复杂的材质编辑系统用于创建各种材料的质感效果。要掌握如此复杂的材料编辑系统需要了解其逻辑关系。3ds

MAX 软件材质编辑的逻辑主干是"材质类型→阴影类型→材质属性→贴图"。

图 5-1-1 材料质感的表现

115

5.1.1 材质类型

3ds MAX 如今已经发展出众多材质类型：高级照明覆盖（Advanced Light Override Material Type）、建筑（Architectural）、混合（Blend）、合成（Composite）、双面（Double-sided）、墨水绘制（Ink'n Paint）、光照渲染（Lightscape）、材质类型、无光／投影（Matte/Shadow）、变形器（Morpher）、多维／子对象（Multi/Sub-Object）、光线跟踪（Raytrace）、壳材质（Shell Material）、清漆（Shellac）、顶／底（Top/Bottom）。这些材质类型中，最为基础的是"标准（Standard）"材质，其他类型大都是由"标准"材质组合而产生。

高级照明覆盖材质类型（Advanced Light Override Material Type）：这一材质类型顾名思义是配合高级光照使用的，只有在使用了光能传递的高级渲染方式时，使用这种材质类型才有意义。它能够对高级光照进行校正，使之得到更好的效果。

建筑材质类型（Architectural）：包含了建筑中常用的材质类型模板，如水、石头和木料等。使用这些模板可以比较快速地设置建筑常用材质，但效果一般。只有与光度学灯光和光能传递一起使用时，才能够提供较逼真的效果。

混合材质类型（Blend）：这是一种可以将两个不同的材质混合到一起的材质类型。依据一个遮罩决定某个区域使用的材质。

合成材质类型（Composite）：这是一个可以混合10个材质的材质类型。可以根据自己的要求对材质进行指定合成的方式，合成的方式有增加、减少和混合3种。这种材质类型可以理解为 Photoshop 里多个图层的叠加，并可以调整各图层的叠加方式和透明度。

双面材质类型（Double-sided）：如果一个对象的两个面并不是由相同的材质组成，如一些内部和外部由不同的材质组成的事物，那就要利用双面材质类型分别指定对象的内部和外部。

墨水绘制材质类型（Ink'n Paint）：这种材质可以用简单的线条来表现物体的外轮廓。由于能够消隐模型不可见的表面，这种材质可以较清楚地解释物体的外部形体。

Lightscape 材质类型：这是专门为了转换到渲染和光能模拟软件 Lightscape 使用的材质类型，它和 Lightscape 软件有很好的接口。Lightscape 软件是比较专业的建筑照明辅助设计软件，制作出来的灯光照明效果很逼真。

无光／投影材质类型（Matte/Shadow）：也叫阴影不可见材质类型。这是一个和合成有关的材质类型。使用了无光／投影材质类型，计算机渲染时对 3D 物体产生投影时并不影响到后面背景的显示。这个材质的作用使背景不被遮挡，被赋予无光／投影物体区域后的物体将不再显示，并且直接可以看到背景，就好像被这个物体穿透了一样。

变形器材质类型（Morpher）：这是用于动画渲染的材质。可以在动画过程中使物体表面材质发生变化。变形材质类型允许有 100 个通道和表情变形通道相对应。

多维／子对象材质类型（Multi/Sub-Object）：作用就是对物体的不同区域添加不同的材质类型，并且只要使用一个材质就可以完成对物体材质的添加。通常的做法是在多维／子材质中的不同材质 ID 号通道上添加不同的材质，然后再给物体的不同区域指定不同的 ID 号，将调节好的材质赋予物体，这样一来不同的材质会自动对位到相应的材质 ID 区域中。

光线跟踪材质类型（Raytrace）：可以制作出更加真实的反射和折射效果，是制作金属和玻璃的首选。但是计算机渲染运算的时间比较长。

壳材质类型（Shell Material）：在建筑表现中是不经常用壳材质类型的。这个材质类型主要在游戏和虚拟现实上运用。

清漆材质类型（Shellac）：模拟透明清漆与底层材质混合的效果。两种材质可以分别设置，清漆材质与底层材质可以设置不同程度的混合参数，用于模拟清漆的不同程度的透明度。

顶／底材质类型（Top/Bottom）：顶／底材质类型也是混合两种材质的类型。但是混合的方式是按照坐标方向来制定的。

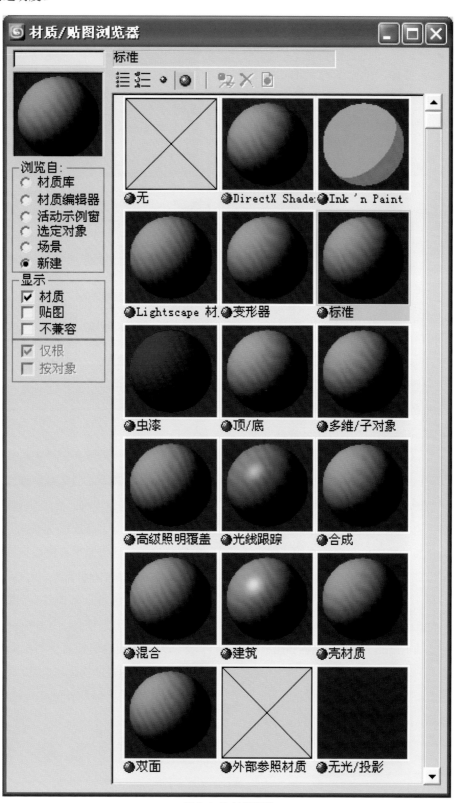

图 5-1-2 材质类型

5.1.2 阴影类型

阴影类型是指材质表面明暗产生的模式，使得材质表面受光线影响产生变化的方式得以控制，用来模拟现实中材料表面的光线变化。这种光线变化往往在材料表面的高光部分体现得比较明显，因此每一种阴影类型中主要需要调整的就是高光的相关参数（Specular Highlight）。3ds MAX 在标准材质类型（Standard）中提供的阴影类型分别是：各向异性（Anisotropic）、Blinn、金属（Metal）、多层（Multi-layer）、Oren-nayar-Blinn、Phong、Strauss、半透明明暗器（Translucent Shader）。在其他的材质类型中已经根据相应的材质类型预设了阴影类型。

各向异性（Anisotropic）：它可以方便调节材质高光的 UV 比例，可以产生椭圆或者线形的高光。适用于模拟有光泽的拉丝金属。

Blinn：这是比较早就有的一种材质阴影类型，参数简单，主要是用来模拟高光比较硬朗的塑料制品。

金属（Metal）：为了表现金属的质感，高光设计得比较尖锐，反差比较强烈。但是和周围区域也存在快速的过渡区，甚至可能发生高光内反现象，可以理解为高光产生一种在最亮处发生了暗边，反而次亮处成了最亮的效果。

多层（Multi-layer）：这是一种高级的材质阴影类型，同时具有两个 Anisotropic 类型的高光效果，并且是可以叠加的，可以产生十字交叉的高光效果。也可以利用两个高光的特点将它们调节成不同的大小，达到一个很有层次的高光效果，比如用来模拟像汽车金属漆表面的效果。

Oren-nayar-Blinn，这是一种新型的复杂材质阴影类型。在 Blinn 的基础上添加了用来控制物体粗糙度的 Roughness 参数和 Diffuse Level 用来控制漫反射区强度的参数，可以用于制作高光并不是很明显的材质，如陶土、木材、布料等。

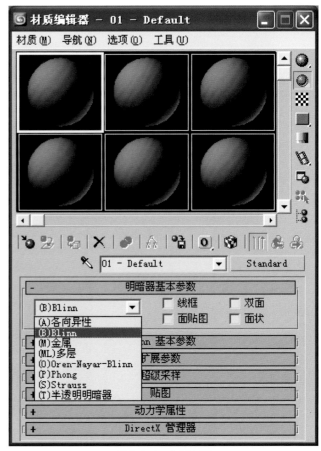

图 5-1-3　阴影类型

Phong：和 Blinn 的基本参数都相同，效果上也十分接近，只是在背光的高光形状上略有不同。Blinn 为比较圆形状的高光而 Phong 是梭形。

Strauss：这也是用来模拟金属的一种材质阴影类型。相对金属材质阴影类型（Metal）好控制些，参数简单，比较简洁实用，能制作一些简单的金属材质。

半透明明暗器（Translucent Shader）：这种类型主要是为了解决半透明材质阴影类型的问题，可以在材质的背面看到透过的灯光效果。常用于模拟像蜡烛、玉石、纸张等半透明材质，也可以模拟灯笼等背光效果。

5.1.3 材质属性

在阴影类型的基础参数（Basic Parameter）中是对应的各项材质属性。材质属性里包含了材质的一些基本特征参数：色彩（包含环境光 Ambient、漫射受光 Diffuse、高光 Specular 三部分）、自发光（Self-Illumination）、不透明性（Opacity）、与阴影类型对应的高光的相关参数（Specular Highlight）等等。对应复杂的材料类型还有相应的扩展参数（Extended Parameter）。

高光参数（Specular Highlight）由"高光级别"（Specular Level）、"光泽度"（Glossiness）和"柔和度"（Soften）。对于各向异性的阴影类型，高光参数还有"各向异性度"（Anisotropic）和"方向"（Orientation）。

扩展参数（Extended Parameter）里则包括了"高级透明"（Advanced Transparency）、"线框"（Wire）和"反射衰减"（Reflection Dimming）。

5.1.4 贴图

贴图（Maps）是计算机渲染软件产生丰富材质的重要手段，通过在不同的贴图通道上赋予不同类型的贴图，不仅可以产生物体表面的图案，而且可以使用它周围世界中的一切作为它们外观的一部分。

计算机软件使用指定的图案按照一定规律替代场景中物体表面的色彩，看上去就如同图案被贴在了物体表面。贴图是物体表面的材质的纹理，利用贴图还可以不用增加模型的复杂程度就可突出表现对象细节，

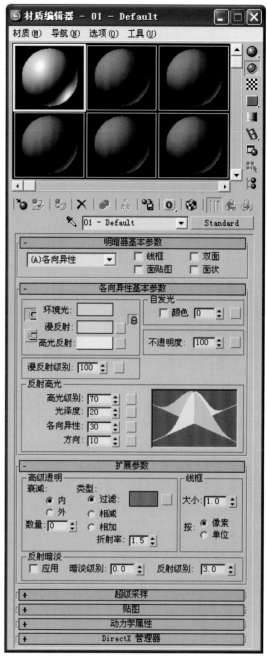

图 5-1-4 材质属性

并且可以创建凹凸、镂空、反射、折射等多种效果。

贴图包括 12 个贴图通道和 35 种贴图类型。其具体内容将在以后介绍贴图材质时进行详细介绍。

由于 3ds MAX 软件材质编辑很复杂，以下按照材料表面复杂程度按顺序依次介绍在建筑表现中应用的基本材质、贴图材质以及一些建筑表现常用的比较复杂的材质。

5.2 基本材质

建筑中大量存在着均匀质地的单一颜色的表面材料，如各种涂料、塑料、哑光的金属等。这种材料无镜面反射也没有明显的纹理，其质感的表现主要是通过其表面的光滑程度和色彩来反映。使用"标准（Standard）"材质选择合适的阴影类型（通常使用简单的Blinn）并适当调整材质属性的一些基本特征参数就可以模拟此类材质。

5.2.1 表面光滑程度

人们对物体表面光滑程度的认识是通过视觉和触觉来感知的，经过一定时间的经验积累，仅依靠视觉也可以大致了解物体的质感，这就为通过图像表现物体质感提供了可能。由于建筑体量巨大，因此更多地依赖于视觉感知。

通过视觉观察物体表面了解其质感其实是依靠光线在物体表面的变化来达到的。物体表面被光线照射后通常会被分成三个部分：

高光部分（Specular）：当光线照射在物体表面上时，有一部分光线会被较强烈地反射出来，形成高光。高光的强度、形状大小和边缘模糊程度反映了材料表面的光滑程度。光滑如镜面的材料表面的高光基本是直接反射出光源的状态，对于假设的无限远处点状光源，其表现为小而清晰的圆点。随着光滑程度降低，高光区会逐渐扩大，边缘也会逐渐模糊。高光部分是物体表面亮度最亮的部分。

漫射受光部分（Diffuse）：简单地可以认为物体表面被光照射部分除了高光部分就是漫射受光部分。这部分表面被漫射的光线照亮，没有强烈的反射。漫射受光部分是物体表面亮度变化较丰富的部分，亮度会随着入射光线和观察角度的变化而变化。

环境光部分（Ambient）：物体表面没有被光照射到的部分。在理想状态下，物体没有被光照射的部分是黑色的，但是现实中物体周围总是存在一定的环境光，这部分就会被环境光照亮。由于环境光的强度比直射光弱，因此其影响的物体背光部分亮度就会较低，是物体表面亮度较暗的部分。

物体表面这三部分的明暗变化关系在一定程度上能够反映出该物体表面的光滑程度，进而能够反映材料的软硬程度。

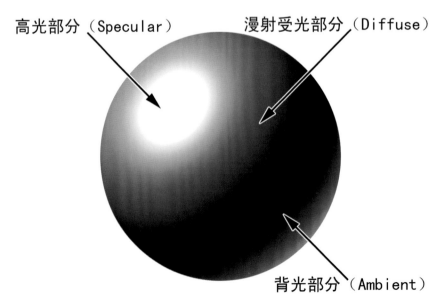

高光部分（Specular）　漫射受光部分（Diffuse）

背光部分（Ambient）

图 5-2-1　物体表面明暗变化

粗糙表面几乎没有高光部分，物体表面三个部分之间的变化不明显且过渡均匀。随着表面光滑程度提高，其对光线的反射程度也逐步提高，三个部分之间的变化也变得明显，而且会有明显的分界线并开始产生较为明显的高光区域。

物体表面越光滑，反射高光能力越强，该物体在被光线照明以后就会产生一个明亮且变化明显的高光区；如果该物体表面不够光滑，反射高光能力越弱，该物体在被光线照明以后就会产生一个昏暗且变化柔和的高光区。这种经验使人们在观察物体时不通过触摸就能够了解物体表面的光滑程度。

基于高光部分的明显变化，简单通过调整高光（Specular）部分的光线变化，就可以对物体表面的光滑（粗糙）程度加以表现。

在计算机渲染软件中，通常是通过高光的亮度（Specular Level）、高光的形态（Glossiness）和"柔和度"（Soften）来调整物体表面高光部分的光线变化。

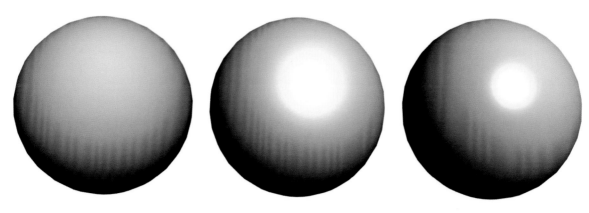

图 5-2-2　高光变化

高光的亮度（Specular Level）、高光的形态（Glossiness）和"柔和度"（Soften）不同的数值可以在对话框旁通过一个曲线比较形象地反映出来，同时也反映在样本球和场景中所赋予的物体的渲染结果上。由于通常人们不掌握建筑材料的这些反射高光的数值，一般情况下都是以场景中所赋予的物体的渲染结果为标准来调整这些参数。也就是以人们对画面的主观感受来调整。另外，物体反射高光的状态还与观察角度和该物体的实际照明状态有密切的关系，因此给物体赋予材质之前需要先确定视点和照明。

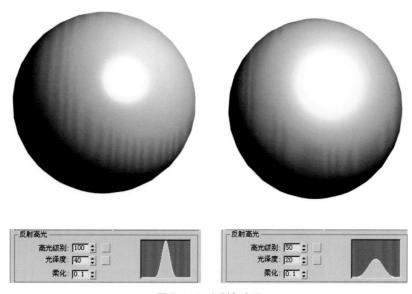

图 5-2-3　粗糙与光滑

5.2.2 颜色与色彩

现代建筑较少使用五彩斑斓的彩色材料，更多是采用素雅的材质。要表现这种素雅颜色材质表面的微妙色彩变化就需要先仔细分析一下颜色与色彩的关系。

首先需要用"颜色"和"色彩"来区分两个不同的概念。"颜色"用来表述材料本身的属性。"色彩"则是材料在环境中被观察时的表现。在现实环境中即使是白颜色的物体表面也会有丰富的色彩表现。

图 5-2-4　白颜色的物体表面丰富的色彩表现

在日常生活中，人们总是认为物体表面会固有一种颜色。在这些具有"固有"颜色的物质中，最有效的就是各种专门产生颜色的颜料或染料。

在早期的颜色启蒙教育中，会把红色、黄色和蓝色称之为"三原色"，即这三种基本的纯色是无法从其他颜色的混合中得到，而当把红色与黄色的颜料混合后会得到各种橙色；当把黄色与蓝色的颜料混合后会得到各种绿色；当把蓝色与红色的颜料混合后会得到各种紫色；把三种颜色混合在一起之后理论上会得到黑色。这就是 RYB（R: Read 红；Y: Yellow 黄；B: Blue 蓝）颜色模型。

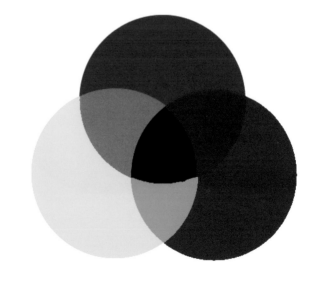

图 5-2-5　RYB 颜色摸型

然而 RYB 颜色模型并不准确，纯正的紫色、品红色和青色都不能通过混合颜料中得到，于是经过专家的研究才发现真正的三原色应该是青色、黄色和品红色。这三种原色可以混合出黑色，原来的红色可以通过混合品红色和少许黄色获得，而蓝色可以通过混合青色和少许品红色获得。这三种颜色构成了专业中被作为标准的CYM(C: Cyan青；Y: Yellow黄；M: Magenta品红) 颜色模型。

实际应用（印刷）中，由于直接使用黑色墨水要比混合三种颜色墨水更方便有效，于是加入黑色 K（K: Black 黑 ），最终成为 CYMK 颜色模型。仔细观察放大的任何印刷品就可以看出所有色彩都是有这四种墨水形成的，彩色打印机的墨水也是符合 CYMK 颜色模型的。

染料所具有的颜色只有在白色光线照射下才能产生对应的色彩，也就是说红颜色的物体只有在白光下才能产生红色的色彩，如果红颜色的物体在黄光下将产生橙色的色彩，而在绿光下将会是黑色。人们看到的物体颜色的色彩表现都是建立在由白色光线照明下的生活经验为基础的。

当我们看到某物体在眼中呈现出一种色彩时，会认为它就是这种颜色或认为它被涂成这种颜色。事实上，这只是表明它的表面反射的光在一个特定的波长范围内，或者可以说是该物体表面只反射照在上面的部分波长的光而吸收了其他波长的光。而这种一定波长的光对人类视网膜产生刺激后，经大脑对视网膜产生的生物电脉冲信号解读并根据生活经验加以抽象之后才产生了物体色彩的理解。可以说色彩是人对不同波长光的主观感受。

从物理上讲，光是电磁波的一种能量辐射形式。电磁波的主要参数包括：传播方向、所具能量、极化情况和频率。电磁波的频率范围很宽，根据频率不同，具有不同性质，包括无线电波、红外线、可见光、紫外线、X 射线、宇宙射线等。可见光在电磁波中仅是很窄的一段，其波长在 380-780 毫微米之间，波长不同的电磁波通过人的视觉感知呈现不同的色彩，从紫（380-455毫微米）、蓝（455-492 毫微米）、绿（492-577 毫微米）、黄（577-597 毫微米）到橙（597-622 毫微米）、

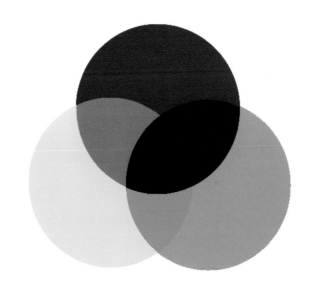

图 5-2-6　CYM 颜色模型

红（622-780 毫微米），连续地变化。人眼对"白光"的经验应来自于对太阳光的感受。只要光线中含有与太阳光类似比例不同频率的光线，便会产生"白光"的感觉，并不存在某个单独的频率对应"白光"。

不同波长的单色光会引起不同的色彩感觉，然而同样的色彩感觉却可以来源于不同的光谱成分的组合，这个事实说明，光谱分布与色彩感觉之间的关系是多对一的，也说明在色彩重现过程中并不要求客观景物反射光的光谱成分，而重要的是人眼应获得原景物的相同的色彩视觉。因为色彩并非是光的本性，而是该频率的光与视神经作用在人脑中形成的主观感觉。实验证实，大自然中几乎所有色彩都可以用几种基色光按不同比例混合而得到。

现实中有很多时候物体表面所呈现的色彩会与其本身的颜色不一致。我们会发现原来我们想当然认为的物体的"固有的颜色"其实是仅仅存在于人们意识中的抽象的概念，是大脑通过综合考虑某物体受光线影响的结果之后推理出的物体表面接收纯白光照射时的颜色。

理解了物体色彩的这种复杂性之后就可以避免计算机渲染中容易出现的那些平淡和呆板的色彩。特别是建筑中大量使用的白颜色，会在环境光色的影响下产生很多微妙而丰富的色彩变化。

因此，在计算机渲染中，都以物体表面的色彩表现为标准。目前在计算机显示中普遍使用的是三种"基

色光"，它们是红光、绿光和蓝光（R：Read 红；G：Green 绿；B：Blue 蓝），形成被称之为 RGB 的"光"的色彩模型。对于大多数不在剧场或灯厂工作的人来说，这种"光"的 RGB 色彩模型是不容易理解的：所有三种彩色光混合在一处会得到白光；红光与蓝光混合可以产生紫光；绿光与蓝光混合可以产生青光；而红光与绿光混合产生的是黄光。

RGB 虽然是比较科学地描述色彩的方式，但是却并不容易被常人理解。为了能够比较容易地描述色彩，通常还可以用色彩的三种属性来描述：色相、彩度、明度。

色相（Hue）：色彩外表上的差异称为色相，例如红、橙、黄、绿、青、蓝、紫。

彩度（Sat，Saturation）：色彩的饱和度，纯度。

明度（Value）：色彩的明暗度的差异，即色彩的深浅。

用色相（Hue）、彩度（Sat）和明度（Value）这三个属性来描述颜色的模型称为 HSV 模型，几乎可以用来描述所有颜色。这与蒙塞尔（Munsell）提出的色

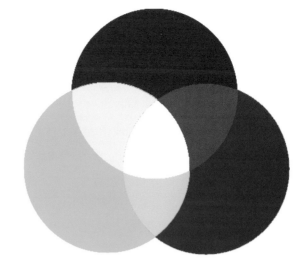

图 5-2-7 RGB 颜色模型

彩系统是对应的。

计算机软件在描述色彩时，在提供 RGB 方式的同时通常也提供这种 HSV 方式来选择色彩，这种方式很适合大多数人的习惯。3ds MAX 软件的材质编辑器中的色彩选择器就是用这种方式来选择需要的颜色。

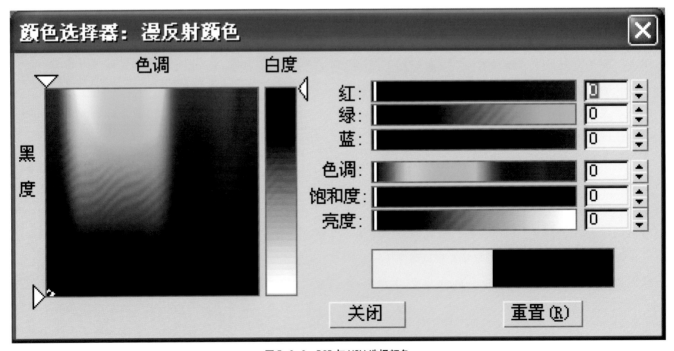

图 5-2-8 RGB 与 HSV 选择颜色

5.2.3 色彩设置

白色的建筑在现实中并不完全是白色，或者可以说完全不是白色：阳光直接照射的高光部分会有一些阳光中的浅黄色，阳光没有直接照射的漫射受光部分会有一些蓝天中的浅蓝色，接近地面的环境光部分会有一些草地的浅绿色和地砖的浅褐色。由于白色建筑没有自身的色彩，因此就特别容易受周围环境的影响，这也是设计得好的建筑为全白色时并不单调的原因。白色派领袖迈耶把建筑与环境的共生作为一种终极追求。他在谈到创作时曾表示，多年以来，他一直孜孜以求的，就是在自己的建筑中重构古代建筑中那种建筑与环境互相生成、互相融合的方式。

图 5-2-9　迈耶作品

物体表面这种复杂而微妙的色彩变化是环境光色的作用。使用高级的计算机渲染计算方法如"辐射渲染"等可以"自动"模拟计算出这种变化，但是这样要消耗大量计算机系统资源，效率很低。

比较简单高效的方式是分别对物体表面的高光部分（Specular）、漫射受光影响的部分（Diffuse）和受周围环境影响的部分（Ambient）根据环境设定不同的色彩。

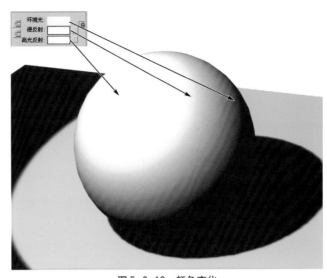

图 5-2-10　颜色变化

5.2.4 透明设置

当光线投射到物体表面时，光线一部分被吸收，一部分被反射；如果是透明物体还有一部分光线被透射过去。当材料背后的光线透过材料被人感知时，人们认识到这种材料是透明的，透过的光线越多，该物体就越透明。在建筑材料中，各种玻璃就是透明的物体。

物体的透明度在 3ds MAX 材质编辑器中由 0 至 100"不透明性"（Opacity）值来控制。当该值为 100 时，该物体不透明；当该值为 0 时，该物体则完全透明。

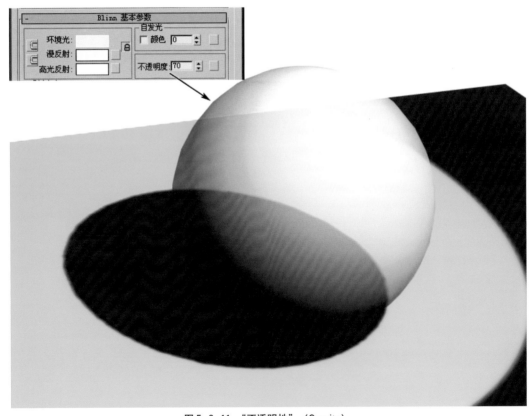

图 5-2-11　"不透明性"（Opacity）

在建筑中大量使用全透明的薄平板玻璃，在理论上这些玻璃应该是完全透明的，但在使用计算机渲染软件来模拟时却不能够将该物体的不透明值设为 0，因为如果将该物体的不透明值设为 0，该物体在渲染后将完全看不见，而在现实中玻璃并非是完全看不见的透明，而是或多或少有一些灰尘杂质影响到其透明度。在用计算机渲染时就要根据画面的情况，增加该物体的不透明值，让这些玻璃透明但同时又可以被"看见"。

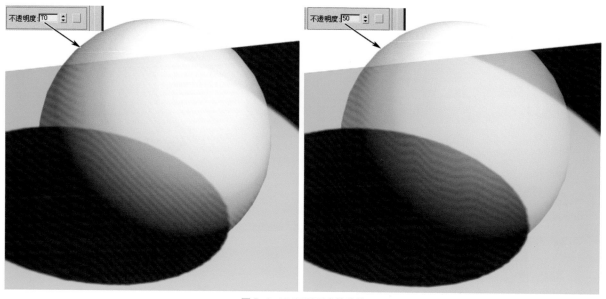

图 5-2-12　不透明度的比较

透明（确切地说是"半透明"）物体同样有三部分的色彩变化。漫射受光部分（Diffuse）和环境光部分（Ambient）的色彩会影响物体背后透出的其他物体表面的色彩。这种影响随着物体表面的不透明程度增高而增强，直至完全掩没背后物体。高光部分（Specular）由于是表现物体表面反射光线的能力，因此其与透明程度的关系并不十分密切。如果在设置材质的高光部分（Specular）亮度（Specular Level）很高、高光的形态（Glossiness）较大且"柔和度"（Soften）数值较小，则会产生大片不透明的高光区域，即使材质被设置得很透明。这种高光区较大的半透明材质比较适合表现柔软的塑料薄膜。而高光区较小的透明材质更接近硬质的玻璃或有机玻璃。

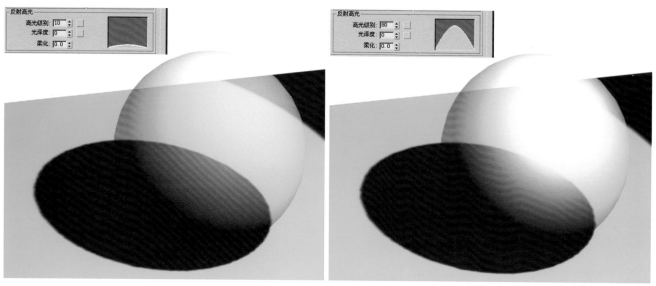

图 5-2-13　透明材质的高光变化

5.2.5 自发光设置

在介绍照明的章节中可以发现计算机渲染软件中的光源是没有具体的形态的。建筑中很多灯具的发光效果就需要赋予自发光的材质。

3ds MAX 软件的材质编辑器中就有一个自发光的设置。除了通过输入数值设定材质的发光强度以外，还可以钩选色彩（Color）使得材质发出彩色的光辉。

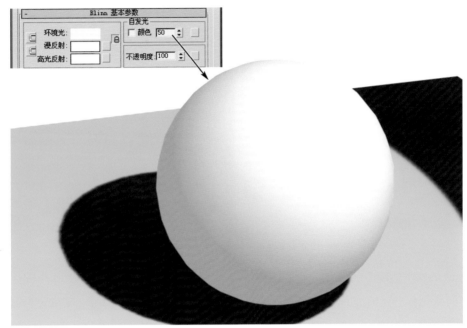

图 5-2-14　自发光的设置

不过值得注意的是自发光材质赋予给模型之后，经过渲染可以看出模型本身有发亮的效果，但是这种发亮是不会影响周围物体的。也就是说如果要让自发光的物体发出光照亮周围环境，还需要另外设置光源。

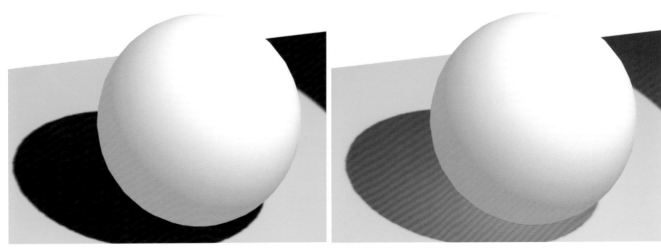

图 5-2-15　自发光的物体另设光源

5.3 贴图材质

在建筑材料中，除了均匀质地的单一颜色的表面材料以外，还有大量有纹理和凹凸的材料，此外还有一些镂空、透明折射和有镜面反射效果的抛光表面材料。

这些材料质感的表现就需要通过贴图的方式来实现。贴图材质比基本材质更精细更真实。通过贴图可以增加模型的质感，完善模型的造型。

5.3.1 贴图通道

3ds MAX 贴图通道常用的有：背光色彩（Ambient）、漫射受光色彩（Diffuse）、高光色彩（Specular）、高光强度（Specular Level）、光泽（Glossiness）、自发光（Self-Illumination）、不透明（Opacity）、

过滤色彩（Filter Color）、凹凸（Bump）、反射（Reflection）、折射（Refrection）、位移（Displacement）。以下介绍在建筑表现中常用的部分贴图通道。

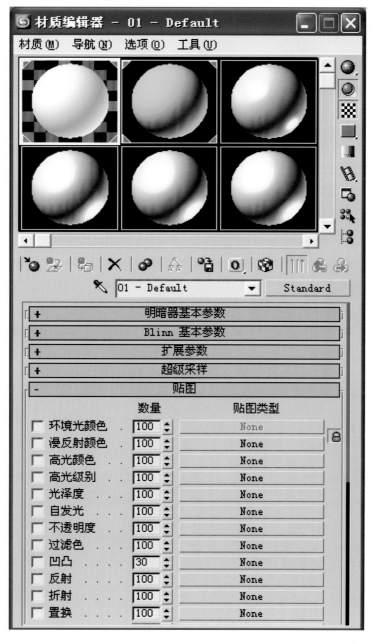

图 5-3-1　贴图通道

背光色彩（Ambient）与漫射受光色彩（Diffuse）的贴图通道通常被捆绑锁定使用相同的贴图，图案在物体表面根据光线照射的变化只是在明度上规律变化，主要表现材料表面固有的颜色或花纹。为了能够让计算机渲染表现得更为细致和真实，背光色彩（Ambient）贴图需要人为调整以强调变化以及环境光的影响。

图 5-3-2　环境光与漫射受光贴图

高光色彩（Specular）贴图通道独立贴图可用来模拟高光部分对光源的反射效果。但这时的贴图图案不是材料表面的图案，而是光源的图案。例如在细致表现被透过有窗帘的窗户的光线照亮得较为光滑的曲面物体时，就可以将带窗帘的窗的图案作为贴图设置给高光部分，这样渲染的结果就是高光部分显示出了作为光源的有窗帘的窗。这种设置相对设置整个物体的镜面反射在渲染计算上要省力不少，而效果并不比设置整个物体都作镜面反射差。因为在现实中的略微光滑的物体也只有高光部分能够明显观察出有镜面反射的效果，而且主要也是反映出光源的形态。

图 5-3-3　高光贴图

不透明（Opacity）贴图通道可以用于制作半透明或镂空效果的材质。渲染软件根据提供贴图的明暗程度渲染时在物体表面产生不同的透明度：黑色为全透明，白色为不透明，灰色则是根据其灰度产生相应的半透明。使用这样方法可以很方便地在一个平面上做出各种复杂的镂空效果。

在建筑的装饰中经常使用一些镂空的金属装饰，例如各种金属网、铸铁花式栏杆。这种装饰由复杂的图案花纹组成，在没有图案的部分是透空的。这种装饰如果在计算机中建立实体模型的话几乎不可能，即使可以建立这样的模型但由于其经常是大量重复使用，使得计算机运算的工作量成倍地增长以至于使工作的效率降低到不能够接受的程度。而通过使用透明贴图的方法就可以大大简化模型并提高渲染的效率。

在具体制作时要根据材质花纹制作一个专门用于透明贴图的黑白图案，然后将这两个贴图按照相同的位置和比例赋予物体表面，这个物体的表面甚至可以是任何形状的曲面。

图 5-3-4　透明贴图

凹凸（Bump）贴图通道用于模拟物体表面轻微的凹凸质感。物体的粗糙是由物体表面无数细小凹凸产生的，当这些表面凹凸增大到可以被明显看出颗粒时，就产生了凹凸质感。这时的质感已经不仅仅是表面粗糙度的感受，更多的是一种纹理上的变化。可以被认为是一种特殊的纹理。这种物体表面的凹凸在计算机渲染时如果通过建立模型的方法来制作，将会产生大量的模型数据，对计算机而言是不能够接受的。很多软件会用一种被称为"凹凸贴图"（Bump Map）的计算方法让物体表面根据某一图像的明暗在渲染以后的材质表面模拟出材质凹凸的效果。这种方法不改变模型表面，只是通过在特定平面图案指出的凸出部分接收高光并在凹陷部分产生阴影的方式产生凹凸的视觉效果。

计算机软件根据给定的图案，以图案中明暗程度来设定凹凸效果。图案中颜色亮白部分，渲染时就对应产生高光效果；图案中颜色暗黑部分，渲染时就对应产生阴影效果。这种高光与阴影的交替影响就可以在最后渲染画面上产生凹凸的质感。

由于使用凹凸贴图的办法在实际上并没有改变物体表面模型，因此这种凹凸只能够被限制在较为细小的表面凹凸变形，而且在表面转折时，可以看出其转折的边缘处依然是平直的。大尺度的凹凸还是需要通过建立模型来解决。

在建筑材料中，有很多表面粗糙的材料，例如大量使用的凿毛的石材，各种有砌筑缝的墙体等，这些物体就很适合使用凹凸贴图来表现这种小尺度变化的凹凸质感。

图 5-3-5　凹凸贴图

通过调整凹凸贴图的尺寸大小，可以改变材料表面凹凸的尺度。当凹凸尺寸过小以后，视觉上就不再有明显的凹凸效果，而成为一种颗粒质感的图案效果。在实际应用中，这种凹凸尺寸的大小必须与实际材料凹凸尺度一致，否则就会使建筑的尺度感受到破坏。如果材料表面凹凸尺度过大，会让人感觉建筑尺度很小，

或者像模型。

由于凹凸贴图的效果是由贴图图案产生和控制，相对建模而言，制作凹凸贴图图案要简便很多。因此，除了在建筑材料表面质感表现中使用凹凸贴图以外，对于一些类似浅浮雕这样看上去十分复杂的装饰构件也可以通过灵活使用凹凸贴图来表现。

图 5-3-6　凹凸贴图应用

反射（Reflection）贴图通道可以选用光线跟踪材质，产生真实的反射效果。

当物体表面光滑到一定程度以后，其表面各部分都开始逐渐清晰地反射周围的景物。在计算机渲染软件中，镜面反射被作为一种特殊的自动生成纹理图案贴附在物体表面。光线跟踪（Raytracer）贴图算法中，

计算机先从观察点出发，计算出从这一点能够在物体表面反射出的周围场景图像，然后将获得的图像贴在物体表面上。

如果场景中镜面反射的表面很多，这时计算量就会很大。因此在计算机渲染中，建议只选取比较重要的物体进行表面对周围景物的镜面反射的计算。

图 5-3-7　地面反射效果

对于有些反射效果可以采用直接贴图案的方式代替光线跟踪贴图算法以减少计算量。特别是建筑玻璃

幕墙反射蓝天白云的效果就可以采用这种高效的方法。

图 5-3-8　玻璃幕墙反射效果

5.3.2 贴图类型

在每一个通道上都可以赋予各种类型的贴图。贴图通道的结果用 RGB 颜色或灰度强度来计算，还可以通过调整数量值（Amount）来控制影响的强度。

贴图的形态被分为 5 种类型，分别为二维贴图（2D Maps）、三维贴图（3D Maps）、合成器（Compositor）、色彩修改（Color Mods）和其他（Other）。

二维贴图（2D Maps）是二维图像，它们通常贴图到几何对象的表面，或用作环境贴图来为场景创建背景。最简单也最经常大量使用的二维贴图是位图（Bitmap）；其他 5 种类型的 2D 贴图按程序生成。

位图（Bitmap）：图像以很多静止图像文件格式之一保存为像素阵列，如 .jpg、.tga、.bmp 等等，或动画文件，如 .avi、.mov 或 .ifl（动画本质上是静止图像的序列）。3ds Max 支持的任何位图（或动画）文件类型可以用作材质中的位图。

方格（Checker）：方格图案组合为两种颜色。也可以通过贴图替换颜色。

Combustion：与 Autodesk Combustion 软件配合使用。可以在位图或对象上直接绘制并且在"材质编辑器"和视口中可以看到效果更新。该贴图可以包括其他 Combustion 效果。绘制并且可以将其他效果设置为动画。

渐变（Gradient）：创建三种颜色的线性或径向渐变。

渐变蔓延（Gradient Ramp）：使用许多的颜色、贴图和混合，创建各种蔓延的渐变。

漩涡（Swirl）：创建两种颜色或贴图的漩涡（螺旋）图案。

平铺（Tiles）：使用颜色或材质贴图创建砖或其他平铺材质。通常包括已定义的建筑砖图案，也可以自定义图案。

二维贴图（2D Map）：使用的时候通常需要指定贴图坐标（UVW Map）。

三维贴图（3D Maps）：3D 贴图是根据程序以三维方式生成的图案。例如，"大理石"拥有通过指定几何体生成的纹理。如果将指定纹理的大理石对象切除一部分，那么切除部分的纹理与对象其他部分的纹理相一致。软件提供以下 15 个类型三维贴图：

细胞（Cellular）：生成用于各种视觉效果的细胞图案，包括马赛克平铺、鹅卵石表面和海洋表面。

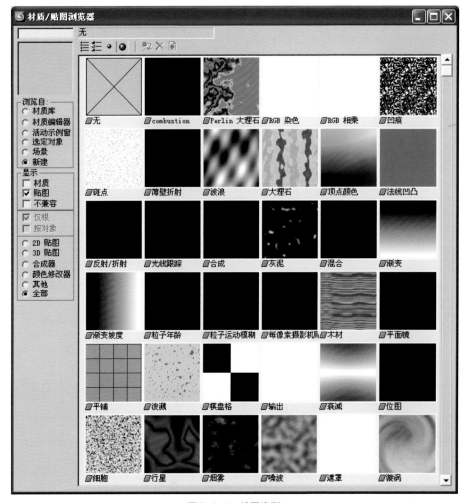

图 5-3-9　贴图类型

凹痕（Dent）：在曲面上生成三维凹凸。

衰减（Falloff）：基于几何体曲面上面的法线的角度衰减生成从白色到黑色的值。在创建不透明的衰减效果时，衰减贴图提供了更大的灵活性。其他效果包括"阴影／灯光"、"距离混合"和 Fresnel。

大理石（Marble）：使用两个显式颜色和第三个中间色模拟大理石的纹理。

噪波（Noise）：噪波是三维形式的湍流图案。与 2D 形式的棋盘一样，其基于两种颜色，每一种颜色都可以设置贴图。

粒子年龄（Particle age）：基于粒子的寿命更改粒子的颜色（或贴图）。

粒子运动模糊（Particle Motion Blur）：（MBlur 是运动模糊的简写形式）基于粒子的移动速率更改其前端和尾部的不透明度。

Perlin 大理石（Perlin Marble）：带有湍流图案的备用程序大理石贴图。

行星（Planet）：模拟空间角度的行星轮廓。

烟雾（Smoke）：生成基于分形的湍流图案，以模拟一束光的烟雾效果或其他云雾状流动贴图效果。

斑点（Speckle）：生成带斑点的曲面，用于创建可以模拟花岗石和类似材质的带有图案的曲面。

泼溅（Splat）：生成类似于泼墨画的分形图案。

灰泥（Stucco）：生成类似于灰泥的分形图案。

波浪（Waves）：通过生成许多球形波浪中心并随机分布生成水波纹或波形效果。

木材（Wood）：创建 3D 木材纹理图案。

合成器（Compositor）：专用于合成其他颜色或贴图。在图像处理中，合成图像是指将两个或多个图像叠加以将其组合。软件提供以下 4 个类型合成器贴图：

合成贴图（Composite）：合成多个贴图。与"混合"不同，对于混合的量合成没有明显的控制。相反，合成基于贴图的 alpha 通道上的混合量。

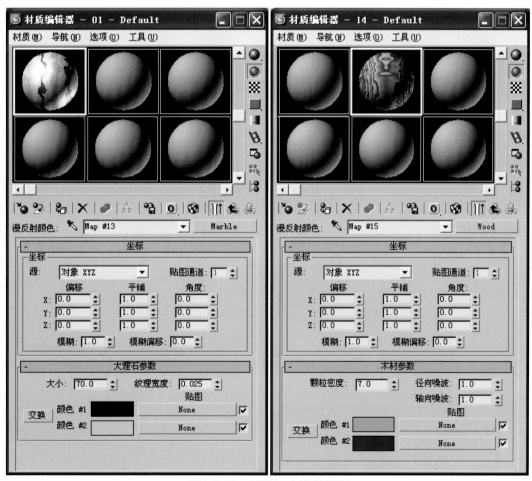

图 5-3-10　大理石、木材贴图设置

遮罩（Mask）：遮罩本身就是一个贴图，在这种情况下用于控制第二个贴图应用于表面的位置。

混合（Mix）：使用"混合"混合两种颜色或两种贴图。可以使用指定混合级别调整混合的量。混合级别可以设置为贴图。

RGB 倍增（RGB Multiply）：通过倍增其 RGB 和 alpha 值组合两个贴图。

色彩修改（Color Mods）：可以改变材质中像素的颜色。每个色彩修改贴图使用特定方法修改颜色，共有 3 个类型：

输出（Output）：将位图输出功能应用到没有这些设置的参数贴图中，如方格。这些功能调整贴图的颜色。

RGB 染色（RGB Tint）：基于红色、绿色和蓝色值，对贴图进行染色。

顶点颜色（Vertex Color）：显示渲染场景中指定顶点颜色的效果。从可编辑的网格中指定顶点颜色。

其他（Other）类别包括 4 个类型创建反射和折射（reflections and refractions）的贴图：

平面镜（Flat Mirror）：为平面生成反射。可以将其指定面，而不是作为整体指定给对象。

光线跟踪（Raytrace）：创建精确的、完全光线跟踪的反射和折射。

反射 / 折射（Reflect/Refract）：基于包围的对象和环境，自动生成反射和折射。

薄壁折射贴图（Thin Wall Refraction）：自动生成折射，模拟对象和环境可通过折射材质，如玻璃或水。

贴图类型还可以根据计算机图形计算的方式进行分类：位图类、程序纹理图案类、反射折射类、图像修改类等。

贴图类型共有 35 个，这些贴图类型结合 12 个贴图通道几乎可以产生任何材料质感。还可以使用贴图创建环境或者创建灯光投射。

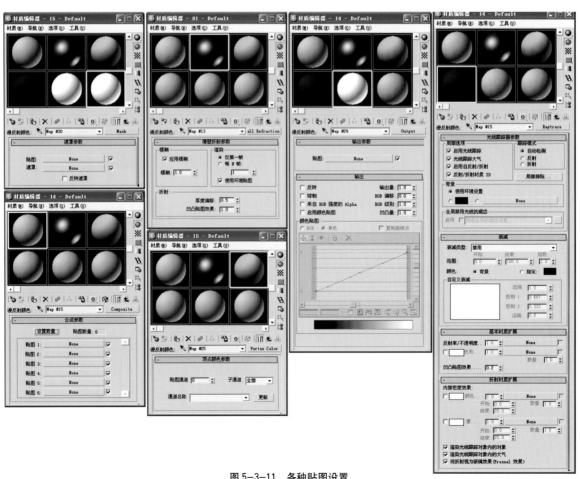

图 5-3-11　各种贴图设置

136

5.3.3 贴图坐标

通过各种形式的贴图可以大大提高计算机渲染的效率和效果。与单一颜色均匀材质不同，在将贴图材质赋予场景中特定形态的物体时，除了如反射贴图这类程序计算的贴图与物体形态的关系是依靠计算机自动计算以外，很多贴图都需要人为控制贴图材质与物体形态的关系，特别是在使用位图作为贴图图案时，要求位图按照一定方式贴附在场景中的物体上，因此控制位图与场景中物体表面的关系就很重要了。

为了能够精确控制贴图图案与物体表面的相对关系，物体就必须具有贴图坐标。这个坐标就是确定贴图以何种方式映射在物体上。

贴图坐标对每个对象而言都是局部的，使用术语UV 或 UVW 坐标来描述，相对于作为整体的场景 XY 或 XYZ 坐标。

从 AutoCAD 转换过来的对象为可编辑的网格，没有自动贴图坐标。对于此对象类型，需要使用 UVW 贴图修改器为其指定一个坐标。

另外软件还会提供一个小工具（Gizmo）来协助定位。Gizmo 中心为 UVW 坐标的原点。Gizmo 反映贴图图案投影时相对物体的位置与大小。Gizmo 将贴图坐标投影到对象上。可定位、旋转或缩放 Gizmo 以调整对象上的贴图坐标。

场景中物体表面的形状需要贴图与之相对应。物体表面形状大致可以被分为平面、圆柱面、球面以及复杂曲面。贴图坐标则提供了相应的平面（Plana）、圆柱形（Cylindrical）、球形（Spherical）、收缩包裹（Shrink Wrap）、长方体（Box）、面（Face）和 XYZ to UVW。

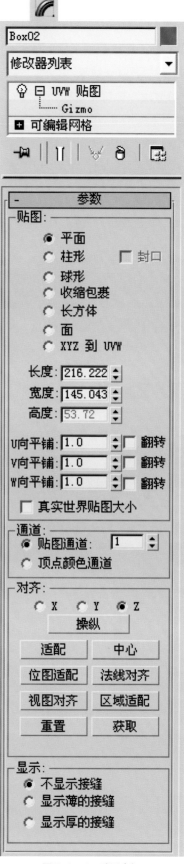

图 5-3-12　贴图坐标

137

平面物体在建筑中是大量存在的，最常见的是各种地面，地面一般不表现其厚度，主要是通过在其表面贴附不同材质来表现不同质感的地面。计算机软件中对应的"平面"（Plana）贴图坐标也很容易理解，它是最常用的方法，即将指定的贴图图案以平面投影的方式贴附在平面物体之上。

对于平面贴图，初始状态位图的 UV 坐标平面与平面的 XY 坐标平面是一致的，Gizmo 与平面物体最大尺寸一致。位图图案整个地铺满整个平面。也可以通过给 Gizmo 设置一个尺寸让位图图案以设定的尺寸贴附在平面上。

通过调整贴图坐标偏移值（Offset）可以调整贴图在平面上的位置，调整重复数量值（Tiling）可以使贴图图案按照设定值重复。同样也可以直接调整 Gizmo 的位置与大小来使贴图图案按照需要被精确控制。

图 5-3-13　平面贴图应用

对于建筑中经常碰到的圆柱这样的圆柱体，就需要使用"圆柱形"（Cylindrical）贴图坐标。在圆柱形贴图坐标中，贴图是投射在一个柱面上，环绕在圆柱的侧面。圆柱贴图还包括圆柱的两个端面，可以单独对圆柱的这两个端面设置平面贴图。这种坐标在物体造型近似柱体时也非常有用。圆柱贴图可以通过设置不同的 UV 值使其能够成为椭圆柱贴图。

图 5-3-14　柱形贴图应用

球形物体在建筑中特别是在建筑装饰中也是比较多见的。在球形物体表面贴图自然需要使用"球形"（Spherical）贴图坐标。这种贴图坐标以球面方式环绕在物体表面，贴图图案在球的侧面围合并在球的上下两极收缩汇聚。

图 5-3-15　球形贴图应用

对于类似球形的物体还有一种收缩包裹（Shrink Wrap）贴图坐标。这种坐标方式也是球形的，但收紧了贴图的四边，使贴图的四个角聚集在球底部的一点。贴图图案在球面上只向底部一个极汇聚，这样在球面的顶面和侧面，贴图图案被比较均匀地分布着。很多时候，

在球形物体表面贴图，收缩贴图会比球面贴图效果还要好一些。这是因为球形贴图向两极变形，汇聚变形几乎影响整个球面；而收缩贴图可以比较容易使得汇聚变形的底部不被看到。

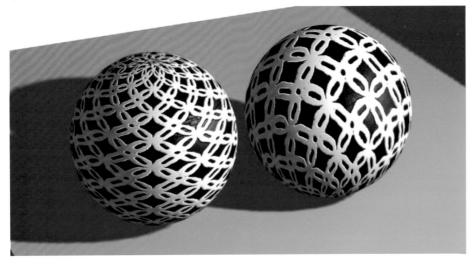

图 5-3-16　球形与收缩包裹比较

建筑中方柱子、围合的墙面都可以被看成是矩形的盒子。分六次对围合成这样盒子的六个平面指定和调整平面贴图是很麻烦的事。计算机渲染软件特别设立了长方体（Box）贴图坐标可以同时设置和调整六个表面的贴图参数。这样对于直角转折的柱子和墙体的各

个面都只要使用一个盒子贴图就可以控制其表面纹理的位置与大小。盒子贴图的Gizmo也是一个矩形的盒子，盒子Gizmo的长、宽、高分别对应了贴图坐标的U、V、W轴，通过调整Gizmo的位置和三个轴向的尺寸，就可以控制贴图在场景中物体上贴图的位置和尺寸。

图 5-3-17　盒子贴图应用

计算机渲染软件还提供了两种贴图坐标方式用于复杂的不规则表面：

面（Face）贴图坐标以物体自身的面为单位进行投射贴图，两个共边的面会投射为一个完整贴图，单个面会投射为一个三角形。适合使用网格和放样建模产生的复杂形体。

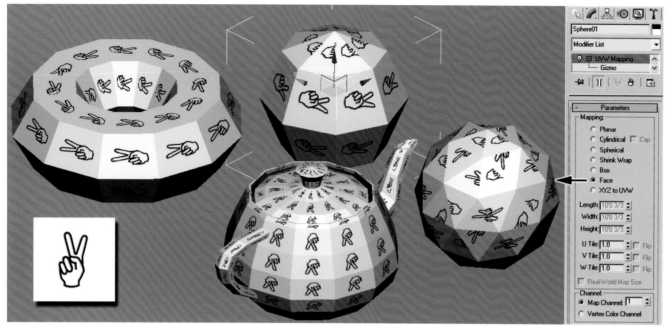

图 5-3-18 "面"贴图坐标

XYZ to UVW贴图坐标的XYZ轴会自动适配物体造型表面的UVW方向。这种贴图坐标可以自动选择适配物体造型的最佳贴图形式，不规则物体适合选择此种贴图方式。

图 5-3-19 贴图材质应用

通过多种贴图坐标方式可以使得材质的纹理能够与物体的几何造型匹配起来，从而使得物体表面纹理能够理想地贴附其上，让计算机中由表面包合而成的物体产生实体的感觉。特别对于一些天然纹理的材料（如木材、石材），其纹理在物体转折和端面都是连续的。对于表现由这些材料制成的复杂造型物体，如何设定合适的贴图只能够根据实际情况仔细分析，灵活而又有创造性地使用这些有限的贴图方式。

5.4 常用建筑材质

相对于电影和游戏中的特效表现，建筑表现中所使用的材质相对比较简单。前面已经介绍了用于各种涂料、塑料、亚光的金属等的基本材质和用于石材、面砖、墙纸等贴图材质。以下再介绍一些在建筑表现中常用的比较复杂的材质。

5.4.1 天然石材

天然石材是较为常用的建筑表面装饰材料。天然石材都具有其独特的天然纹理，不同的纹理代表了不同品种的石材。有些石材具有比较单一的颜色，纹理不十分明显，只有一些均匀散布的杂质颗粒，可以通过使用软件中预设的一些"噪音"（Noise）、"斑点"（Speckle）等程序纹理图案类贴图模拟这些杂质。

3D Maps 贴图中有预设的程序纹理图案类"大理石"（Marble）贴图，但是这种平行条纹的图案还是过于规则，效果不好。对于纹理清晰独特的天然大理石，就需要实际天然大理石的位图纹理。

大理石的纹理位图可以通过拍照片的方式获得，要求光线均匀纹理清晰的正射影像。大理石纹理与砖的纹理一样也是有一定尺度概念的，每毫米一个像素基本可以反映出大理石纹理的连续变化，也就是可以用长宽各 1000 像素的位图记录 1 米见方的大理石纹理。由于大理石纹理是天然形成，很少重复，因此除了要注意多多采集各种品种的大理石纹理以外，对每一种大理石都需要多采集不同变化的纹理。

在建筑中，大面积的石材装饰一般会采用 500 至 1000 毫米见方的石料拼接而成。天然石材不同于瓷砖，不能用相同纹理的一块石材的重复铺贴，因此需要事先准备较大面积拼贴好的天然石材纹理位图，同时依然还是要注意贴图位图纹理的尺度。

图 5-4-1　大理石材质

有时建筑立面会使用特殊设计的石材，石材的拼接缝也被作为一种设计元素，对于这样的石材墙面就需要将整片墙的纹理位图预先准备好，通过贴图坐标精确定位在建筑模型表面上。

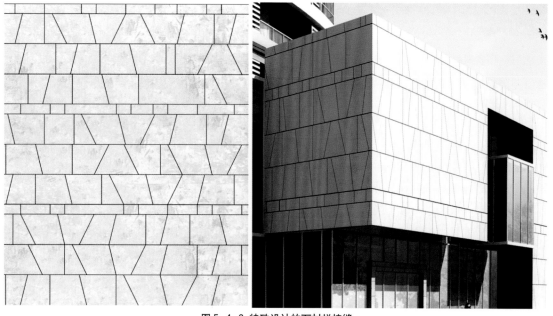

图 5-4-2 特殊设计的石材拼接缝

石材表面通常会被磨光，在光滑的石材表面就会产生镜面反射。为了保证计算机渲染的效率，不能把场景中所有的石材表面都设置成镜面反射。一些在场景中较为次要的部分可以通过调整高光形态或高光贴图简单模拟石材表面的光滑反射。而对于大面积平整的石材墙面、地面和部分在场景中较主要的柱子表面，就需要设定适当的镜面反射以表现石材表面的光滑程度。

图 5-4-3 地面石材被设置适当的镜面反射

5.4.2 木材

木材除了在室内装饰的广泛使用外，它在建筑外观中也是大量使用的。庙宇、仿古代建筑和园林景观的建设中，大量运用到木材元素。

木材的贴图要求与大理石类似。在 3ds MAX 材质中也有预设的程序纹理图案类贴图，但是木材的纹理往往还代表了某一种树种，理想的还是需要具体的木纹位图。

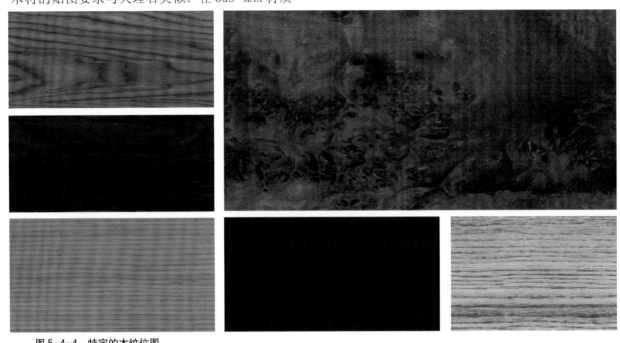

图 5-4-4　特定的木纹位图

因为木材纤维具有方向性，所以木材表面高光特性就是有方向性的。对应选择"各向异性"（Anisotropic）的阴影类型。木纹位图不仅赋予被捆绑锁定的"背光部分"（Ambient）与"漫射受光部分"（Diffuse）贴图通道，还同时赋予"凹凸"（Bump）通道，用于表现木材表面自然的状态。

图 5-4-5　场景中渲染后的木材质感

5.4.3 金属

金属在建筑中使用得也很广泛，除了作为结构材料被隐蔽起来以外，建筑中还有很多暴露在外的金属构件，建筑外观也有很多金属装饰的部分。

金属材料根据表面处理方法不同可以分为抛光和亚光两种类型。

抛光金属材质是反光度很高的材质，受光线的影响最大的材质之一。同时它的镜面效果也是很强的，高精度抛光的金属和镜子的效果是相差无几。我们在做这种材质的时候就要用到光线追踪。

抛光金属材质的高光部分是很精彩的部分，有很多的环境色都融入在高光中，有很好的反射镜面的效果。在暗部，几乎没有光线的黑色处，金属是种反差效果很大的物质。高光金属本身的颜色只体现在过渡色上，受环境光的影响很大。

在 3ds MAX 中的调整材质的方法如下：

阴影类型可以选用金属（Metal）。它的调整较为简单，只有环境色（Ambient）和过渡色（Diffuse）属性，高光属性只需要通过高光强度（Specular）和高光范围（Glossiness）来调节。高光强度一般是很强的，通常调整在 108~355 之间。

金属的反射强度，一般在 50~80 之间。看灯光对材质的影响，再调整反射效果的强度。如果金属构件在场景中所占比例较小，可以为反射通道指定一张与周围场景类似的位图作为其贴图，模拟金属表面对周围环境的反射。如果是大片平滑金属表面，就需要专门设置光线跟踪材质计算真实的镜面反射效果了。

图 5-4-6 抛光金属材质的质感

铝合金幕墙是建筑中应用广泛的金属材料。铝是一种质地比较柔软的材料，亚光的银灰色质地相对抛光金属要柔和很多。铝金属的反射较弱，而且高光部分和反射都比较模糊，为了能够更逼真表现这种微妙的表面质感，就需要使用光线追踪材质来模拟金属的特性。

为了能够区别于匀质的灰色涂料或塑料，阴影类型也要选择"各向异性"（Anisotropic）。铝板是很微妙的金属材质，它的特点就是渐变，高光的退晕变化是非常微妙的。由于各向异性，这种阴影类型对高光的控制比较灵活，所以用它来表现铝金属是很理想的。

图 5-4-7　铝合金幕墙自上而下渐变的金属光泽质感表现

5.4.4 玻璃（幕墙）

玻璃材质在建筑表现图中是一个重点，也是一个难点。针对室外建筑玻璃幕墙来说，可以分析出玻璃材质呈现出以下特点：

所有的玻璃材质都存在各种反射，但是都存在一个受光面和背光面的素描关系，只是随着视角或阳光角度的不同，这种明暗对比关系的强弱有所不同，尽管玻璃的背光面也会有很强的反射，但是它的受光面亮度一定会比背光面强。

玻璃的受光面亮度最强的部分是它的高光部分，在清晨或黄昏这个高光部分较低，处于整块玻璃受光面的中间部分，而在晴朗的白天其他时间，高光部分一般在受光面的顶部。背光面没有高光，其亮度最强的部分在它反射的天际线位置上。

玻璃的受光面和背光面在遵守它们之间的素描关系的基础之上，各自表现出很强的退晕效果，在3ds MAX中可以通过贴图（Bitmap/Gradiant）或者混合材质（Blend）来实现这一效果。

玻璃材质具有明显的反射效果，在建筑表现图中，受光面和背光面都有一个对周围环境的反射效果，这部分一般用受光面和背光面中最暗的部分。在3ds MAX中一般在反射通道里贴位图（Bitmap）或光线跟踪（Raytrace）这两种方法来实现。

对于透明玻璃来说，在受光面及背光面较暗的部分，就是反射周围环境（建筑、树影）较暗的部分，是最为透明的部分，可以较清楚地看到建筑的室内部分。

在表现透明玻璃时，建模方面需要建立简单的楼板、柱子及天花板上的灯光等模型，这样设置材质的透明度后可以透过玻璃表现出一部分室内空间。

需要体现出玻璃受光面和背光面之间的冷暖对比关系，背光面由于受到天光的影响，会表现出比天空深很多的冷色调。

图 5-4-8　玻璃幕墙的质感表现示例

图 5-4-9　玻璃幕墙建筑效果图

5.4.5 水面

建筑环境设计中水面是很重要的元素。如果仅仅在画面中作为建筑配景可以使用图像处理软件进行后期制作，但是如果要表现特殊设计的水景环境，就需要独立建立模型并赋予对应的材质了。

水面波纹是很明显的特征，因此需要一幅特定的水面波纹位图来形成基本外观。同时水面波纹也是有凹凸起伏，还要对应设置凹凸贴图。为了能够使水面波纹更自然，凹凸贴图选用"噪波"（Noise）贴图。

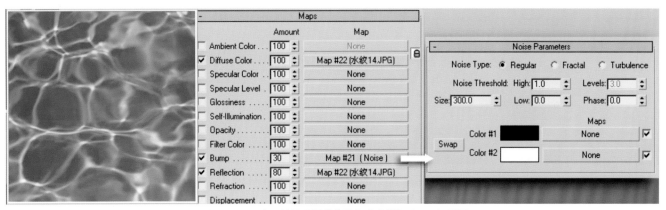

图5-4-10 水面波纹选用的位图和"噪波"（Noise）贴图

图5-4-11 初步的水面材质效果

初步的水面材质效果缺少对水上景物的倒影反射，这就需要在材质中设置光线跟踪材质来计算水面倒影反射。将反射贴图通道换成 Raytrace 贴图，并将原来的位图贴图作为子贴图（Sub-map）保留。

图 5-4-12　水面倒影反射效果

真实水面由于光线反射的原因，有一种明显的退晕效果，越靠近视角的位置水面越暗，离视角越远的位置水面越亮。通过对材质的高光属性进行贴图，在材质的高光颜色通道上贴上一张渐变贴图，使材质的高光呈现出远亮近暗的特性。

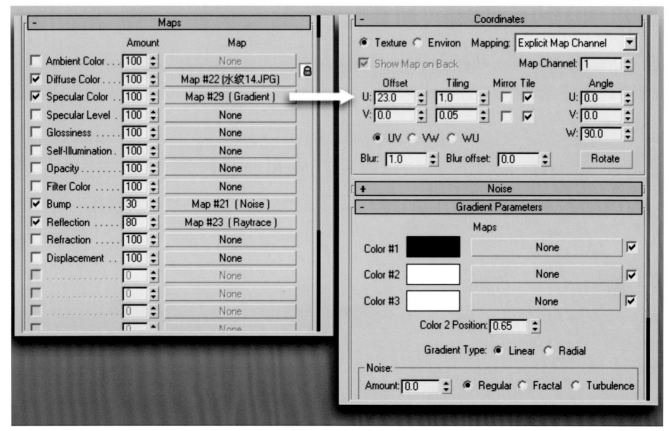

图 5-4-13　高光通道上的渐变贴图使材质高光远亮近暗

图 5-4-14　模拟水面远近明暗渐变效果

最后通过使用图像处理软件进行进一步的后期处理，增加周围环境和配景，形成最终的水面环境设计效果图。

图 5-4-15　水面的最终效果

练习作业：材质赋予

作业要求：

给场景中的物体赋予材质。

作业步骤：

1. 打开 RMex010.max 文件。

2. 在场景中选择"层：地面"，使用修改工具给地面添加"UVW 贴图"。

3. 打开材料编辑器，将"地面贴图"用于"漫反射"制作"地面"材质。

4. 将"地面"材质赋予"层：地面"。

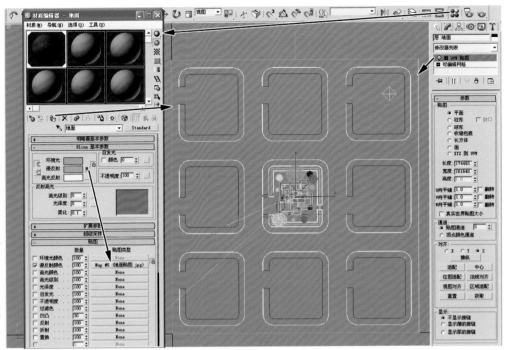

图 5-5-1　给地面赋予材质

5. 同样方法将材质赋予人行道。注意调整"UVW贴图"的大小和位置。

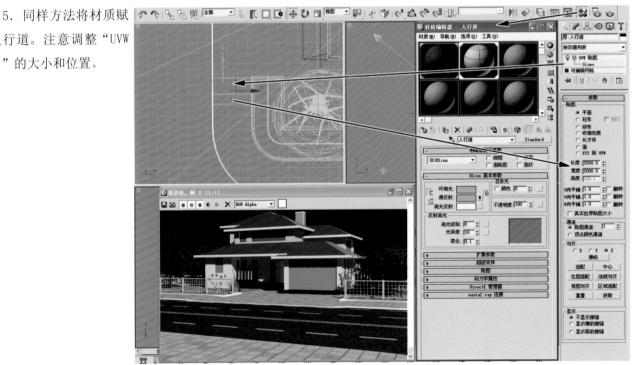

图 5-5-2　给人行道赋予材质

6. 将"砖墙"贴图用于"漫反射"，并将"砖墙凹凸"用于"凹凸贴图"制作"砖墙"材质。将材质赋予"层：一层墙"与"二层墙"。注意"UVW 贴图"形式需要修改成长方体，长、宽、高的大小都是1000。

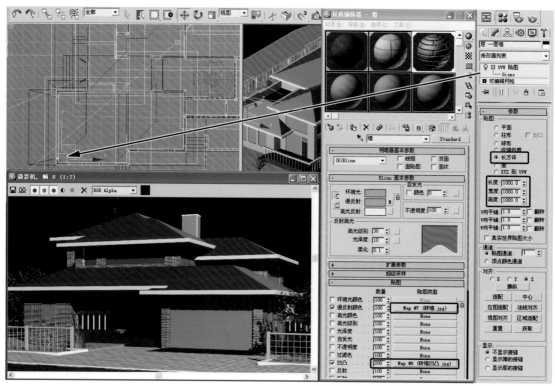

图 5-5-3　砖墙材质

7. 同样方法将材质赋予其他各项。注意调整"UVW 贴图"的大小、位置和方向。

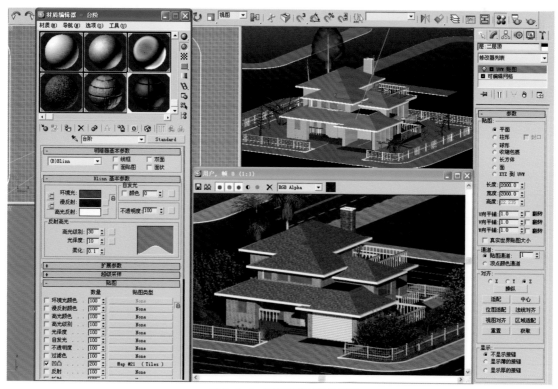

图 5-5-4　将材质赋予其他各项

153

8. 渲染摄像机视口，获得完成材质的渲染图。

图 5-5-5　完成材质的渲染图

建议课时：

1 课时内基本完成各项材质制作与赋予。材质的调整和渲染可以根据操作情况在课后完成。

作业提示：

1. 所有贴图材质都需要设定和调整被赋予物体的"UVW 贴图"。

2. 贴图除了使用位图文件以外，也可以灵活使用各种贴图类型。

3. 使用"UVW 贴图"中的"Gizmo"调整贴图位置和方向。

4. 按功能键"F10"能快捷调出"渲染场景"对话框。

5. 由于观察材质效果需要多次渲染，为节约时间，可以在调整多个材质之后再渲染。

6. 操作过程及结果参见 RMex013.max~RMex17.max、RMex16.jpg. 文件。

第六章 渲染效果和环境

渲染将颜色、阴影、照明效果等等加入到几何体中。在此之前我们已经使用过渲染工具来检验模型、摄影机、灯光和材质的效果，为了简化问题，之前的渲染操作都是使用系统默认的各项设置，在基本完成前期工作之后，有必要仔细了解渲染中的一些相关设置以提高渲染质量。另外在渲染时还可以加入背景与大气等环境和效果。

环境气氛对于表现建筑是很重要的，建筑表现效果图不仅仅只是表现一个房子的三维透视，同时也需要表现出建筑设计中所包含的艺术与文化内容。为此，对于表现建筑外观，阳光明媚蓝天白云并不总是最佳选择，需要根据建筑的特点配合春夏秋冬阴晴雨雪；同样对于建筑室内，宽敞明亮与幽暗静谧也是要配合建筑设计的需要。

6.1 渲染设置

3ds MAX的"渲染场景"对话框具有多个面板。面板的数量和名称因活动渲染器而异。但是始终显示以下面板：

"公用"面板：包含任何渲染器的主要控件，如是渲染静态图像还是动画，设置渲染输出的分辨率等等。

"渲染器"面板：包含当前渲染器的主要控件。

取决于活动渲染器的其他面板包括：

"渲染元素"面板：包含用于将各种图像信息渲染到单个图像文件的控件。在使用合成、图像处理或特殊效果软件时，该功能非常有用。

"光线跟踪器"面板：包括光线跟踪贴图和材质的全局控件。

"高级照明"面板：包含用于生成光能传递和光跟踪器解决方案的控件，其可以为场景提供全局照明。

"处理"和"间接照明"面板：包含用于mental ray渲染器的特殊控件。

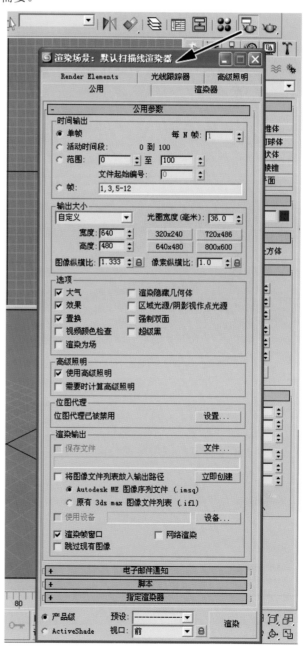

图 6-1-1 "渲染场景"对话框

6.1.1 公用参数

在"渲染场景"对话框的"公用"面板中，"公用参数"卷展栏用来设置所有渲染器的公用参数。包括："时间输出"组、"输出大小"组、"选项"组、"高级照明"组、"位图代理"组、"渲染输出"组。

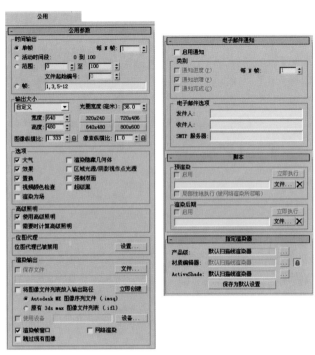

图6-1-2 "公用参数"卷展栏

"时间输出"组选择要渲染的帧。

"单个"：仅当前帧。

"活动时间段"：活动时间段为显示在时间滑块内的当前帧范围。

"范围"：指定两个数字之间（包括这两个数）的所有帧。

"文件起始编号"：指定起始文件编号，从这个编号开始递增文件名。范围从-99999到99999。只用于"活动时间段"和"范围"输出。

"每N帧"：帧的规则采样。例如，输入8则每隔8帧渲染一次。也只用于"活动时间段"和"范围"输出。

"帧"：可以指定非连续帧，帧与帧之间用逗号隔开（例如 2、5）或连续的帧范围，用连字符相连。

开始渲染帧范围时，如果没有指定保存动画的文件，将会出现一个警告对话框提示该问题。渲染动画将花费很长时间，而且通常渲染帧的范围时，不将所有帧保存到一个文件是毫无意义的。

"输出大小"组：选择一个预定义的大小或在"宽度"和"高度"字段（像素为单位）中输入的自定义的大小。这些控件影响图像的纵横比。

"输出大小"下拉列表中可以选择几个标准的电影和视频分辨率以及纵横比。选择其中一种格式，或转到"自定义"中使用"输出大小"组中的其他控件。

"宽度和高度"：以像素为单位指定图像的宽度和高度，从而设置输出图像的分辨率。使用自定义格式，可以分别单独设置"图像纵横比"和"像素纵横比"这两个微调器。对于其他格式，两个微调器将锁定为指定的纵横比，因此更改一个另一个也将改变。最大宽度和高度为32768x32768像素。

"预设分辨率按钮"：单击这些按钮之一，可以选择一个预设分辨率。可以自定义这些按钮：右键单击按钮以显示"配置预设"对话框，利用它可以更改该按钮指定的分辨率。

设定图像的宽度和高度是依据图像使用方式来确定的。如果图像（动画）被用在电视上显示，则只需要依据将要播放图像的电视制式选择一个预定义的大小。软件提供有：NTSC D-1（720x486）、NTSC DV（720x480）、PAL（768x576）、PAL DV（720x576）和HDTV（1920x1080）。

建筑表现的渲染图像通常会被要求打印出来。人们观看打印在纸张上的图像一般在250mm～300mm距离。这时使用以每英寸的像素数（Pixels Per Inch，PPI）方式来描述图像的精细程度。从能够被勉强接受到经得起用放大镜观看，纸张上的图像精度可以从72PPI一直到600PPI，甚至更高。

生活中最常用的纸张尺寸在200mm×300mm左右，有多种称呼方法：如16开、A4或8inch×10inch。要在这样的尺寸获得比较清晰的图像，按照150PPI来计算，需要的图像的宽度和高度为1200和1500。

建筑表现图的尺寸往往会打印得比较大，A3图纸的尺寸为420mm×297mm，而A0图纸的尺寸则要达到

图 6-1-3 纸张上不同的图像精度

图 6-1-4 建筑细部表现

1，188mm×840mm，这时就是按照72PPI来计算，需要图像的宽度和高度也为3368和4429。

计算机渲染出来的图像还会用于印刷，在印刷界图像的清晰程度由印刷的网板频率和网板度量率共同确定。网板频率指在印刷时每英寸可以印刷的线数（Line Per Inch，LPI），普通报纸用的网板频率较低，一般不会大于100线，而杂志画刊的网板频率就较高，最高可以达到175线。网板度量率指每网板线的图像像素数，为避免降低图像清晰度，一般不是用小于1:1的比例，要产生最优的质量，可以使用2:1的比例，即每线有两个像素，而大于2:1对于图像的印刷质量已经没有影响了。这样如果提供印刷在16开大小杂志上全幅的最优质图像，其图像宽度和高度就要为2800和3500左右。

要确定计算机渲染建筑表现图的图像像素数还有一个因数就是建筑设计中细部构件的表现。建筑设计中细部构件的设计也是非常重要的，丰富的细节也有助于增加画面的真实度。建筑设计中的细部构件的尺寸一般是不会小于厘米级的，然而有时构件之间的缝隙和交接处会只有几毫米，然而整个建筑却有几十米甚至上百米的尺度，这时要表现出这些细微的变化就需要考虑像素数的多少了。假设有总高100米的高层建筑要表现其50米宽的幕墙材料之间的拼接缝，这时拼接缝的线条在画面上最少需要一个像素，则建筑占画面的总像素数需要100，000/50=2000，如果建筑占画面的2/3，则整个画面在高度上的像素数就不能少于3000，按照画面比例2:3来计算，整个画面需要的宽度和高度就要3000和2000左右。

"选项"组中包括下列各种控制渲染效果的选项：

"大气和效果"：启用此选项后，渲染任何应用的大气效果，如体积雾。

"效果"：启用此选项后，渲染任何应用的渲染效果，如模糊。

"置换"：渲染任何应用的置换贴图。

"视频颜色检查"：检查超出NTSC或PAL安全阈值的像素颜色，标记这些像素颜色并将其改为可接受的值。默认情况下，"不安全"颜色渲染为黑色像素。可以使用"首选项设置"对话框的渲染面板更改颜色检查的显示。

"渲染为场"：为视频创建动画时，将视频渲染为场，而不是渲染为帧。

"渲染隐藏的几何体"：渲染场景中所有的几何体对象，包括隐藏的对象。

"区域光源/阴影视作点"：将所有的区域光源或阴影当作从点对象发出的进行渲染，这样可以加快渲染速度。这对草图渲染非常有用，因为点光源的渲染速度比区域光源快很多。该切换不影响带有光能传递的场景，因为区域光源对光能传递解决方案的性能影响不大。

"强制双面"：双面渲染渲染就是所有曲面的两个面。通常，需要加快渲染速度时禁用此选项。如果需要渲染对象的内部及外部，或如果已导入面法线未正确统一的复杂几何体，则可能要启用此选项。这对于通常是由其他软件建模导入3ds MAX渲染的建筑表现十分有用。

"超级黑"：超级黑渲染限制用于视频组合的渲染几何体的暗度。除非确实需要此选项，否则将其禁用。

"高级照明"组

"使用高级照明"：启用此选项后，软件在渲染过程中提供光能传递解决方案或光跟踪。

"需要时计算高级照明"：启用此选项后，当需要逐帧处理时，软件计算光能传递。通常，渲染一系列帧时，软件只为第一帧计算光能传递。如果在动画中有必要为后续的帧重新计算高级照明，请启用此选项。例如，一扇颜色很亮丽的门打开后影响到旁边白色墙壁的颜色，这种情况下应该重新计算高级照明。

"位图代理"组：显示3ds MAX是使用高分辨率贴图还是位图代理进行渲染。要更改此设置，请单击"设置"按钮以打开"位图代理"对话框的全局设置和默认值。

"渲染输出"组

"保存文件"：启用此选项后，进行渲染时软件将渲染后的图像或动画保存到磁盘。使用"文件"按钮指定输出文件之后，"保存文件"才可用。

"文件"：打开"渲染输出文件"对话框，指定输

图 6-1-5　Alpha 通道用于后期合成

对于所渲染图像中对象部分透明的像素，Alpha通道特别有用。这些像素用于合成。如果生成Alpha通道，并且与图像一同保存，那么图像可以平滑地合成到不同的背景中。

3ds MAX可以在渲染时自动创建Alpha通道。所渲染图像中的背景像素是完全透明的，Alpha通道也可以说明通过材料等对象创建的任何其他透明度。

"将图像文件列表放置在输出路径中"：启用此选项可创建图像序列（IMSQ）文件，并将其保存在与渲染相同的目录中。默认设置为禁用状态。3ds MAX通过渲染元素创建IMSQ文件（或IFL文件）。单击"渲染"或"创建"时创建该文件并在实际渲染之前生成它们。

"使用设备"：将渲染的输出发送到像录像机这样的设备上。首先单击"设备"按钮指定设备，设备上必须安装相应的驱动程序。

"渲染帧窗口"：在渲染帧窗口中显示渲染输出。

"网络渲染"：启用网络渲染。如果启用"网络渲染"，在渲染时将看到"网络作业分配"对话框。

"跳过现有图像"：启用此选项且启用"保存文件"后，渲染器将跳过序列中已经渲染到磁盘中的图像。

出文件名、格式以及路径。可以渲染到任何可写的静态或动画图像文件格式。如果将多个帧渲染到静态图像文件，渲染器渲染每个单独的帧文件并在每个文件名后附加序号。可以用文件起始编号设置控制。

在选择单幅建筑表现图的文件格式时通常会选择Targa或TIFF格式。这两种格式都可以包含Alpha通道。如果使用Targa，默认设置将包含保存alpha；如果使用TIFF，需要打开"存储Alpha通道"复选框。

Alpha是出现在32位位图文件中的一类数据，用于向图像中的像素指定透明度。

24位真彩文件包含三种颜色信息通道：红、绿和蓝即RGB，每个通道都定义为8位。通过添加第四种8位Alpha通道，文件可以指定每个像素256个级别的透明度。

Alpha 的值为0表示透明，Alpha的值为255则表示不透明，在此范围之间的值表示半透明。透明度对于合成操作是至关重要的，如在Photoshop中，位于各个层中的几个图像要混合在一起。

6.1.2 渲染器

　　3ds MAX附带三种渲染器。默认扫描线渲染器、mental ray渲染器和VUE文件渲染器。

　　"VUE文件渲染器"是一种特殊用途的渲染器，可以生成场景的ASCII文本说明。视图文件可以包含多个帧，并且可以指定变换、照明和视图的更改。

　　来自mental images的"mental ray渲染器"是一种通用渲染器，它可以生成灯光效果的物理校正模拟，包括光线跟踪反射和折射、焦散和全局照明。

　　虽然与3ds MAX的"默认扫描线渲染器"相比，使用mental ray渲染器不用"手工"或通过生成光能传递解决方案就可以模拟复杂的照明效果，但是由此也很难通过"手工"方式来控制画面的照明效果，对于初级的建筑表现显得有些过于复杂。以下将主要介绍3ds MAX默认扫描线渲染器的各项设置以简便高效地渲染建筑表现图。

　　"默认扫描线渲染器"以一系列水平线来渲染场景。可用于扫描线渲染器的"全局照明"选项包括光跟踪和光能传递。

　　在"渲染场景"对话框的"渲染器"面板中用来设置相关参数。

　　"选项"组

　　"贴图"：禁用该选项可忽略所有贴图信息，从而加速测试渲染。自动影响反射和环境贴图，同时也影响材质贴图。默认设置为启用。在建筑表现中可以通过关闭贴图来单纯研究形体与空间的关系。

　　"自动反射/折射和镜像"：忽略自动反射/折射贴图以加速测试渲染。

　　"阴影"：禁用该选项后，不渲染投射阴影。这可以加速测试渲染。默认设置为启用。

　　"强制线框"：像线框一样设置为渲染场景中所有曲面。可以选择线框厚度（以像素为单位）。默认值为1。在建筑表现中使用此选项可以产生白描效果，它可以比较清楚地诠释建筑的结构及外形，避免了材质和灯光对建筑理解的干扰，主要用于表现设计构思。

　　"启用SSE"：启用该选项后，渲染使用"流SIMD

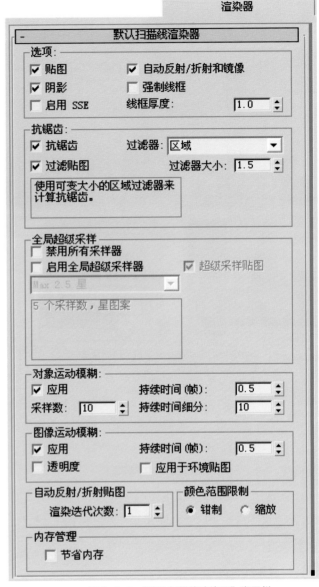

图6-1-6　"默认扫描线渲染器"卷展栏

扩展"（SSE）。（SIMD 代表"单指令、多数据"）取决于系统的CPU，SSE可以缩短渲染时间。默认设置为禁用状态。

　　"抗锯齿"组

　　"抗锯齿"：抗锯齿平滑渲染时产生的对角线或弯曲线条的锯齿状边缘。只有在渲染测试图像并且较快的速度比图像质量更重要时才禁用该选项。

图 6-1-7 建筑表现中白描效果

禁用"抗锯齿"将使"强制线框"设置无效。即使启用"强制线框"，几何体也将根据其自身指定的材质进行渲染。通过禁用"抗锯齿"还可禁用渲染元素。如果需要渲染元素，请确保使"抗锯齿"处于启用状态。

"过滤器下拉列表"：选择高质量的基于表的过滤器，将其应用到渲染上。过滤是抗锯齿的最后一步操作。它们在像素层级起作用，并允许您根据所选择的过滤器来清晰或柔化最终输出。在该组的这些控件下面，3ds Max 通过一个方框显示过滤器的简要说明以及显示如何将过滤器应用到图像上。

下列是可用的抗锯齿过滤器：

"区域"：使用可变大小的区域过滤器来计算抗锯齿。这是3ds MAX的原始过滤器。

"Blackman"：清晰但没有边缘增强效果的25像素过滤器。

"混合"：在清晰区域和高斯柔化过滤器之间混合。

"Catmull-Rom"：具有轻微边缘增强效果的25像

素重组过滤器。

"Cook 变量"：一种通用过滤器。1到2.5之间的值将使图像清晰；更高的值将使图像模糊。

"立方体"：基于立方体样条线的25像素模糊过滤器。

"Mitchell-Netravali"：两个参数的过滤器；在模糊、圆环化和各向异性之间交替使用。如果圆环化的值设置为大于0.5，则将影响图像的Alpha通道。

"图版匹配/MAX R2"：使用3ds MAX2的方法（无贴图过滤），将摄影机和场景或无光/投影元素与未过滤的背景图像相匹配。

"四方形"：基于四方形样条线的9像素模糊过滤器。

"清晰四方形"：来自 Nelson MAX的清晰9像素重组过滤器。

"柔化"：可调整高斯柔化过滤器，用于适度模糊。

"视频"：针对NTSC和PAL视频应用程序进行了优

化的25像素模糊过滤器。

"过滤贴图"：启用或禁用对贴图材质的过滤。默认设置为启用。

"过滤器大小"：可以增加或减小应用到图像中的模糊量。只有当从下拉列表中选择"柔化"过滤器时，该选项才可用。当选择任何其他过滤器时，该微调器不可用。将"过滤器大小"设置为1.0可以有效地禁用过滤器。当渲染单独元素时，可以逐个元素显示启用或禁用活动的过滤器。

"全局超级采样"组

"禁用所有采样器"：禁用所有超级采样。默认设置为禁用状态。

"启用全局超级采样器"：启用该选项后，对所有的材质应用相同的超级采样器。禁用该选项后，将材质设置为使用全局设置，该全局设置由渲染对话框中的设置控制。除了"禁用所有采样器"控件，渲染对话框的"全局超级采样"组中的所有其他控件都将无效。默认设置为启用。

"超级采样贴图"：启用或禁用对贴图材质的超级采样。默认设置为启用。

"采样器下拉列表"：选择应用何种超级采样方法。默认设置为"Max 2.5星"。

用于超级采样方法的选项与出现在"材质编辑器""超级采样"卷展栏中的选项相同。某些方法提供扩展的选项，通过这些选项可以更好地控制超级采样的质量和渲染过程中所获得的采样数。

"对象运动模糊"组

通过为对象设置"属性"对话框"运动模糊"组中的"对象"，决定对哪个对象应用对象运动模糊。对象运动模糊通过为每个帧创建对象的多个"时间片"图像来模糊对象，它考虑摄影机的移动。对象运动模糊应用在扫描线渲染过程中。

"应用"：为整个场景全局启用或禁用对象运动模糊。任何设置"对象运动模糊"属性的对象都将用运动模糊进行渲染。

"持续时间"：确定"虚拟快门"打开的时间。设置为1.0时，虚拟快门在一帧和下一帧之间的整个持续

时间保持打开。较长的值产生更为夸张的效果。

"采样"：确定采样的"持续时间细分"副本数。最大值设置为32。当采样小于持续时间时，在持续时间中随机采样（这也就是运动模糊看起来可能有一点颗粒化的原因）。例如，如果"持续时间细分"值为12而"采样"值为8 ，那么就可能在每帧的12个副本中随机采样出8个。当采样等于持续时间时，就不存在随机性（如果两个数都为最大值32，则将获得密集效果，对于指定对象，通常这将花费渲染所需时间的3到4倍）。如果想获得平滑模糊效果，则可使用最大设置32/32。如果想缩短渲染时间，12/12的值将比使用16/12获得的结果更平滑。因为采样发生在持续时间中，所以持续时间值必须总是小于或等于采样值。

"持续时间细分"：确定在持续时间内渲染的每个对象副本的数量。

"图像运动模糊"组

通过为对象设置"属性"对话框的"运动模糊"组中的"图像"，确定对哪个对象应用图像运动模糊。图像运动模糊通过创建拖影效果而不是多个图像来模糊对象。它考虑摄影机的移动。图像运动模糊是在扫描线渲染完成之后应用的。不能将图像运动模糊应用在更改其拓扑的对象上。

当模糊的对象发生重叠时，有时模糊就不能产生正确的效果，并且在渲染中会存在间距。因为图像运动模糊是在渲染之后应用的，因此它没有考虑对象重叠。要解决这个问题，可以分别渲染每个模糊的对象到不同的层，然后用"Video Post"中的"Alpha 合成器"将两个层合成。

图像运动模糊对设置动画的NURBS对象无效，因此它们的细分（曲面近似）随着时间而改变。子对象独立于顶级NURBS模型设置动画时，发生这种情况。在下列任何情况下，图像运动模糊也无效：使用优化的任何对象、任何使用动画分段的基本体、平滑度值（迭代次数）不为1的任何类型的"网格平滑"、启用"保持凸面"的多边形上的网格平滑、使用"位移材质"的任何对象。

通常来说，如果对象更改了其拓扑，则使用场景或

对象运动模糊而不用图像运动模糊。

"应用"：为整个场景全局启用或禁用图像运动模糊。任何设置了图像运动模糊属性的对象都用运动模糊进行渲染。

"持续时间"：指定"虚拟快门"打开的时间。设置为1.0时，虚拟快门在一帧和下一帧之间的整个持续时间保持打开。值越大，运动模糊效果越明显。

"应用于环境贴图"：设置该选项后，图像运动模糊既可以应用于环境贴图也可以应用于场景中的对象。当摄影机环游时效果非常显著。环境贴图应当使用"环境"进行贴图：球形、圆柱形或收缩包裹。图像运动模糊不能与屏幕贴图环境一起使用。

"透明"：启用该选项后，图像运动模糊对重叠的透明对象起作用。在透明对象上应用图像运动模糊会增加渲染时间。默认设置为禁用状态。

"自动反射/折射贴图"组

"渲染迭代次数"：设置对象间在非平面自动反射贴图上的反射次数。虽然增加该值有时可以改善图像质量，但是这样做也将增加反射的渲染时间。

6.2 环境和效果

如果不额外设置环境和效果，计算机渲染出来的画面会过于清晰而不真实，这主要是因为在渲染时没有背景和大气效果从而像在太空之中。在介绍灯光时已经介绍了体积光的效果，那是模拟光在大气中投射的效果。在建筑表现中还会需要用到背景、全局照明环境光和大气效果。

3ds MAX的"渲染"菜单下"环境"项可以打开"环境和效果"对话框。

"颜色范围限制"组

通过切换"钳制"或"缩放"来处理超出范围（0到1）的颜色分量（RGB），"颜色范围限制"允许您处理亮度过高的问题。通常，反射高光会导致颜色分量高于范围，而使用负凸轮的过滤器将导致颜色分量低于范围。选择两种选项之一来控制渲染器如何处理超出范围的颜色分量：

"钳制"：要保证所有颜色分量在范围"钳制"内，则需要将任何大于1的值设定为1，而将任何小于0的颜色限制在0。0与1之间的任何值都保持不变。使用"钳制"时，因为在处理过程中色调信息会丢失，所以非常亮的颜色渲染为白色。

"缩放"：要保证所有颜色分量在范围内，将需要通过缩放所有三个颜色分量来保留非常亮的颜色的色调，因此最大分量的值为1。注意，这样将更改高光的外观。

"内存管理"组

"节省内存"：启用该选项后，渲染使用更少的内存但会增加一点内存时间。可以节约15%～20%的内存。而时间大约增加4%。默认设置为禁用状态。

图 6-2-1 "环境和效果"对话框

163

"公用参数"卷展栏包括"背景"组和"全局照明"组。

"背景"组用于设置场景渲染的背景。

"颜色"：设置场景背景的颜色。单击色样，然后在"颜色选择器"中选择所需的颜色。通过在启用"自动关键点"按钮的情况下更改非零帧的背景颜色，设置颜色效果动画。

"环境贴图"：环境贴图的按钮会显示贴图的名称，如果尚未指定名称，则显示"无"。

要指定环境贴图，需单击该按钮，使用"材质/贴图浏览器"选择贴图。材质中介绍的各种贴图都可以被用来作为环境贴图。通常会选择使用"位图"以使用拍摄的环境图像。

选定贴图以后，环境贴图的按钮会显示贴图的名称，按住该按钮将其拖置材质编辑器样本框中，此时会出现一个对话框，询问是否希望环境贴图成为源贴图的副本（独立）或实例，选择为实例后就可以在材质编辑器中对环境贴图进行进一步的设置。

在材质编辑器中可以设置环境贴图坐标（球形、柱形、收缩包裹和屏幕）。还可以设置更改坐标设置（偏移、平铺、镜像、旋转角度等）。通过调整这些设置可以让渲染的场景与背景图像匹配。

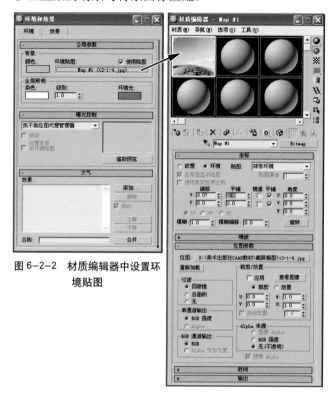

图 6-2-2　材质编辑器中设置环境贴图

蓝天白云是建筑表现中最常用的背景环境。需要注意的是作为环境贴图的蓝天白云位图需要考虑与场景内建筑透视关系要基本一致。即使是无云的蓝天，由于大气的原因在色彩上也是有丰富变化的，天顶的蓝色较为纯净，接近地平线的时候色彩纯度会降低并偏紫灰色。而如果有云的话，云作为三维物体也有透视关系，天顶的云与接近地平线的云在形态上会不一样，这在准备环境贴图时就需要针对场景进行选择。

图 6-2-3　蓝天白云的环境贴图

"全局照明"组控制渲染的亮度与色调。

"色彩"：如果此颜色不是白色，则为场景中的所有灯光（环境光除外）染色。单击色样显示"颜色选择器"，用于选择色彩颜色。通过在启用"自动关键点"按钮的情况下更改非零帧的色彩颜色，设置色彩颜色动画。

"级别"：增强场景中的所有灯光。如果级别为1.0，则保留各个灯光的原始设置。增大级别将增强总体场景的照明，减小级别将减弱总体照明。此参数可设置动画。默认值设置为1.0。

"环境光"：设置环境光的颜色。单击色样，然后在"颜色选择器"中选择所需的颜色。通过在启用"自动关键点"按钮的情况下更改非零帧的环境光颜色，设置灯光效果动画。

建筑表现为了能客观表现建筑设计通常不会采用彩色的灯光，但有时也会为了烘托气氛采用较暖的灯光"色彩"和冷色的"环境光"模拟清晨或黄昏的效果。

对于博物馆、图书馆这一类建筑阴天柔和清冷的光线更适合表现建筑安静的气氛。这样的照明也适用于一些色彩较少的办公建筑和高技术派的建筑。对于商场或者住宅这样需要更多色彩营造热闹或温馨气氛的场景，暖色调照明可以给画面增加更多的色彩。

图 6-2-4　黄昏的效果

"大气"卷展栏用于添加和管理各种大气效果。

"效果"：显示已添加的效果队列。在渲染期间，效果在场景中按线性顺序计算。根据所选的效果，"环境"对话框添加适合效果参数的卷展栏。

"名称"：为列表中的效果自定义名称。

"添加"：显示"添加大气效果"对话框（所有当前安装的大气效果）。选择效果，然后单击"确定"将效果指定给列表。

"删除"：将所选大气效果从列表中删除。

"激活"：为列表中的各个效果设置启用/禁用状态。这种方法可以方便地将复杂的大气功能列表中的各种效果孤立。

"上移/下移"：将所选项在列表中上移或下移，更改大气效果的应用顺序。

"合并"：合并其他 3ds Max 场景文件中的效果。

大气效果除了在灯光设置中已经介绍的体积光，还包括：火效果、雾、体积雾。其中雾在建筑表现中会有所应用，因为使用雾效果能够将主体建筑背景虚化从而突出主题，同时也能表现建筑场景的空间感。3ds MAX除了均匀分布的雾还提供分层效果的雾和被风吹动的云状雾效果的体积雾。

体积雾的参数比较复杂。通过调整这些参数可以更逼真地模拟似乎在风中飘散的雾团的效果。

"Gizmo"组用于设置团雾效果。默认情况下，体积雾填满整个场景。不过，可以选择Gizmo（大气装置）包含雾。Gizmo可以是球体、长方体、圆柱体或这些几何体的特定组合。如果更改Gizmo的尺寸，会同时更改雾影响的区域，但是不会更改雾和其噪波的比例。

"拾取Gizmo"：通过单击进入拾取模式，然后单击场景中的某个大气装置。在渲染时，装置会包含体积雾。装置的名称将添加到装置列表中。

"移除Gizmo"：将Gizmo从体积雾效果中移除。在列表中选择 Gizmo，然后单击"移除Gizmo"。

"柔化Gizmo边缘"：羽化体积雾效果的边缘。值越大，边缘越柔化。范围从0到1.0。不要将此值设置为0。如果设置为0，"柔化Gizmo边缘"可能会造成边缘上出现锯齿。

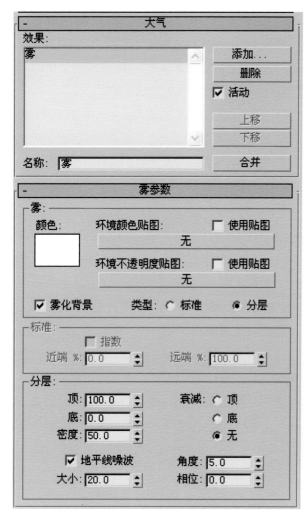

图6-2-5 "大气"卷展栏与"雾参数"卷展栏

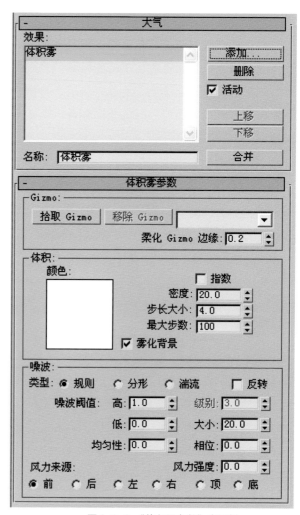

图6-2-6 "体积雾参数"卷展栏

"体积"组

"颜色"：设置雾的颜色。单击色样，然后在颜色选择器中选择所需的颜色。通过在启用"自动关键点"按钮的情况下更改非零帧的雾颜色，可以设置颜色效果动画。

"指数"：随距离按指数增大密度。禁用时，密度随距离线性增大。只有希望渲染体积雾中的透明对象时，才应激活此复选框；如果启用"指数"，将增大"步长大小"的值，以避免出现条带。

"密度"：控制雾的密度。范围为0至20（超过该值可能会看不到场景）。

"步长大小"：确定雾采样的粒度；雾的"细度"。步长大小较大，会使雾变粗糙（到了一定程度，将变为锯齿）。

"最大步数"：限制采样量，以便雾的计算不会永远执行（字面上）。如果雾的密度较小，此选项尤其有用。

如果"步长大小"和"最大步长"的值都较小，会产生锯齿。

"雾背景"：将雾功能应用于场景的背景。

"噪波"组控制雾内部的均匀性。体积雾的噪波选项相当于材质的噪波选项。

"类型"：从三种噪波类型中选择要应用的一种类型。

"规则"：标准的噪波图案。

"分形"：迭代分形噪波图案。

"湍流"：迭代湍流图案。

"反转"：反转噪波效果。浓雾将变为半透明的雾，反之亦然。

"噪波阈值"：限制噪波效果。范围从0到1.0。如果噪波值高于"低"阈值而低于"高"阈值，动态范围会拉伸到填满 0-1。这样，在阈值转换时会补偿较小的不连续（第一级而不是0级），因此，会减少可能产生的锯齿。

"均匀性"：范围从-1到1，作用与高通过滤器类似。值越小，体积越透明，包含分散的烟雾泡。如果在-0.3左右，图像开始看起来像灰斑。因为此参数越小，雾越薄，所以，可能需要增大密度，否则，体积雾将开始消失。

"级别"：设置噪波迭代应用的次数。范围为1至6，包括小数值。只有"分形"或"湍流"噪波才启用。

"大小"：确定烟卷或雾卷的大小。

"相位"：控制风的种子。如果"风力强度"的设置也大于0，雾体积会根据风向产生动画。如果没有"风力强度"，雾将在原处涡流。因为相位有动画轨迹，所以可以使用"功能曲线"编辑器准确定义希望风如何"吹"。

风可以在指定时间内使雾体积沿着指定方向移动。

风与相位参数绑定，所以，在相位改变时，风就会移动。如果"相位"没有设置动画，则不会有风。

"风力强度"：控制烟雾远离风向（相对于相位）的速度。如上所述，如果相位没有设置动画，无论风力强度有多大，烟雾都不会移动。通过使相位随着大的风力强度慢慢变化，雾的移动速度将大于其涡流速度。此外，如果相位快速变化，而风力强度相对较小，雾将快速涡流，慢速漂移。如果希望雾仅在原位涡流，应设置相位动画，同时保持风力强度为0。

"风力来源"：定义风来自于哪个方向。

环境气氛的创造并不容易，这需要在日常生活中仔细观察，观察环境气氛是由哪些因素产生的，同时还要思考在计算机软件中使用哪些工具来达成这样的效果，同时还要让这些效果自然可信。计算机可以很简单方便地产生建筑三维透视画面，但要获得有意境的建筑表现图，需要的不仅是强大功能的软件，而更需要软件的使用者在对现实有足够理解的基础上创造地使用好软件提供的各种功能。

图 6-2-7 有雾效果的建筑场景

练习作业：环境与效果

作业要求：给场景添加背景，增添"体积雾"效果。

作业步骤：

1. 打开RMex017.max文件。
2. 从菜单"渲染"中点击"环境"调出"环境和效果"对话框。
3. 点击"环境"的"公用参数"中"背景"内"环境贴图"一项，选择位图"天空.jpg"。
4. 渲染摄像机视口，渲染后背景已经是蓝天白云。

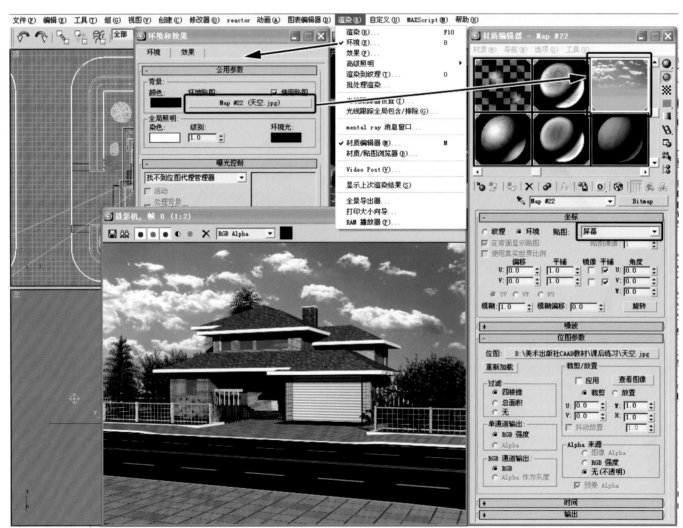

图 6-3-1　添加背景

5. 打开"材质编辑器"，将"环境贴图"拖入后调整"坐标"使背景效果更自然。
6. 在"环境"面板的"大气"下，单击"添加"。"添加大气效果"对话框将显示。
7. 选择"体积雾"，然后单击"确定"。在"创建"面板的"辅助对象"类别中，从弹出式菜单中选择"大气装置"。

8. 单击按钮之一来选择Gizmo形状为长方体Gizmo。

9. 在视口中拖动鼠标，创建Gizmo。在"体积雾参数"卷展栏上单击"拾取Gizmo"按钮。

10. 在视口中单击刚才建立的Gizmo。

11. 在"体积雾参数"卷展栏中设置各项参数。

12. 渲染摄影机视口，观察效果。

图 6-3-2 调整背景坐标

建议课时：

1课时内基本完成背景和体积雾的添加。体积雾效果调整和渲染可以根据操作情况在课后完成。

作业提示：

1. 作为天空贴图的位图要注意云的透视效果。

2. 将天空贴图坐标设置成"球形"会使背景更自然一些。

3. "体积雾"的"Gizmo"在平面上只要大于主要场景就可以，以减少运算量。

4. "体积雾"的"Gizmo"高度接近建筑的高度，模拟雾的效果会更自然。

5. "体积雾"的"密度"如果太大，则画面会成全白色。

6. "体积雾参数"卷展栏中"最大步数"设置越大，雾的效果越柔和，但渲染时间也越长。

169

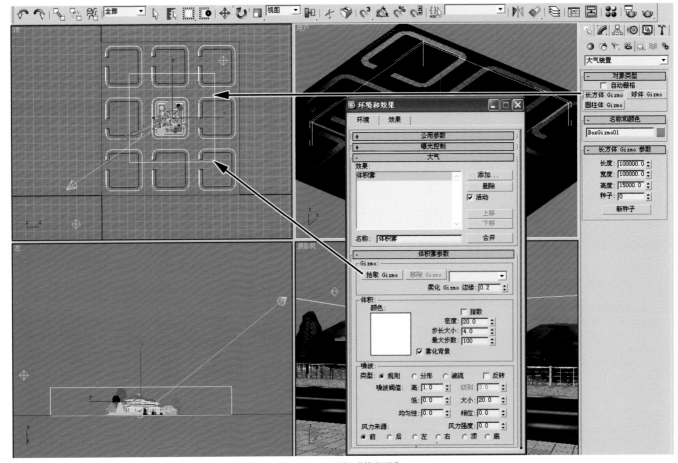

图 6-3-3 添加"体积雾"

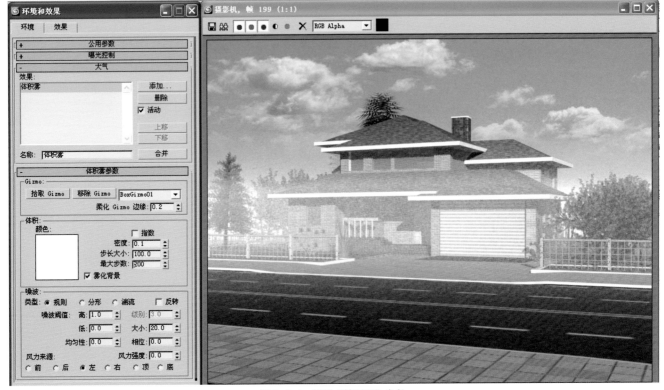

图 6-3-4 设置"体积雾"参数

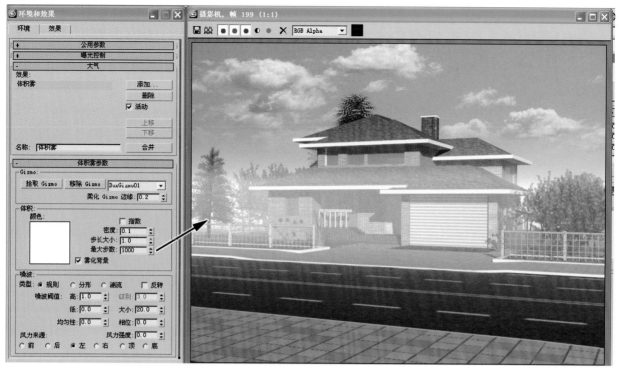

图 6-3-5　调整"体积雾"的参数与效果

7. "体积雾"计算时间较长，注意参数调整和设置时的变化规律。

8. 为了更自然模拟有雾的效果，还应该调整背景和照明效果，有雾天一般没有明显的影子。

9. 操作过程及结果参见RMex018.max~RMex20.max、RMex20.jpg文件。

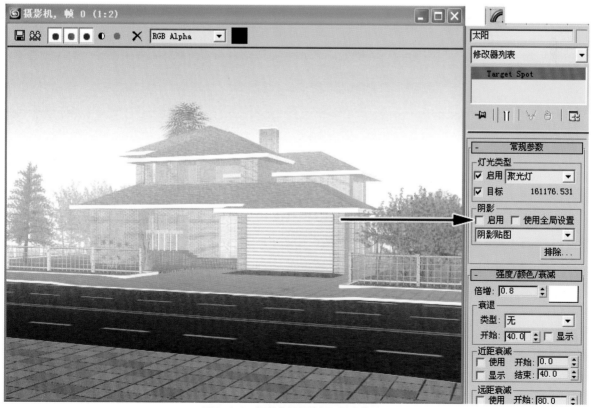

图 6-3-6　调整背景和关闭阴影后的效果

第七章 虚拟现实

复杂的建筑空间仅以静态图像、三维动画和模型表现是不够的，建筑空间的体验需要比动画更为灵活的视点变化、需要模型所不能提供的尺度感受，建筑空间还具有所谓"四维"状态，即时间变化与空间变化的共同作用，虚拟现实技术在建筑空间的表现中的应用正在解决建筑空间表现中的这些问题。本章介绍虚拟现实技术以及在建筑表现中的初步应用。

7.1 虚拟现实技术

"虚拟现实"英文为（Virtual Reality）简称VR，这一名词是由美国 VPL 公司创建人拉尼尔（Jaron Lanier）在 20 世纪 80 年代初提出的，也称灵境技术或人工环境。作为一项尖端科技，虚拟现实集成了计算机图形技术、计算机仿真技术、人工智能、传感技术、显示技术、网络并行处理等技术的最新发展成果，是一种由计算机生成的高技术模拟系统，它最早源自于美国军方的作战模拟系统，90 年代初逐渐为各界所关注并且在商业领域得到了进一步的发展。这种技术的特点在于计算机产生一种人为虚拟的环境，这种虚拟的环境是通过计算机图形构成的三维数字模型，并编制到计算机中去生成一个以视觉感受为主，也包括听觉、触觉的综合可感知的人工环境，从而使得在视觉上产生一种沉浸于这个环境的感觉，可以直接观察、操作、触摸、检测周围环境及事物的内在变化，并能与之发生"交互"作用，使人和计算机很好地"融为一体"，给人一种"身临其境"的感觉。

图 7-1-1　虚拟现实应用于模拟飞行

虚拟现实不仅仅是一个演示媒体，而且还是一个设计工具，它以视觉形式产生一个适人化的多维信息空间，为我们创建和体验虚拟世界提供了有力的支持。虚拟现实技术在军事和航空航天领域的模拟和训练中起到了举足轻重的作用。近年来，虚拟技术在各行各业都得到了不同程度的发展。

虚拟现实技术具有以下四个重要特征：

多感知性：所谓多感知性就是说除了一般计算机所具有的视觉感知外，还有听觉感知、力觉感知、触觉感知、运动感知，甚至包括味觉感知、嗅觉感知等。理想的虚拟现实就是应该具有人所具有的感知功能。

存在感：又称临场感，它是指用户感到作为主角存在于模拟环境中的真实程度。理想的模拟环境应该达到使用户难以分辨真假的程度。

交互性：交互性是指用户对模拟环境内物体的可操作程度和从环境得到反馈的自然程度（包括实时性）。例如，用户可以用手去直接抓取环境中的物体，这时手有握着东西的感觉，并可以感觉物体的重量，视场中的物体也随着手的移动而移动。

自主性：是指虚拟环境中物体依据物理定律动作的程度。例如，当受到力的推动时，物体会向力的方向移动，或翻倒，或从桌面落到地面等。

将虚拟现实技术应用于建筑与城市的形态与空间研究是十分理想的。首先，虚拟现实技术可以较完美地表现三维几何形体，通过与计算机的互动操作，几乎可以随心所欲地以各种角度和路径来观察建筑。这种可交互的特性使得建筑的"四维"特性自然地如同它在现实中一般。通过合适的显示系统，虚拟现实的图像可以与观察者的视点视角完全匹配，这样就可以给观察者一个等比例的空间感觉，由于感知没有被按比例缩小，有关空间尺度的感受与实际情况能够比较相近。

除了能够表现建筑与城市外在的形体与空间以外，虚拟现实技术还可以通过增强现实性来表现现实中不容易表现的很多相关信息。通过与地理信息系统结合，虚拟现实系统中可以提供建筑与城市的非可视信息，例如与建筑物相关的业主、投资建设、历史沿革、空气流动方式、人员疏散流线等；与城市相关的地块性质、交通流量、人口密度等。这些数据可以被动态悬浮显示于相关建筑和城市元素上，给予观察研究人员以更完善的信息。

图 7-1-2 虚拟现实表现建筑与城市空间

实际应用的虚拟现实系统大体可分为四类：

桌面虚拟现实：桌面虚拟现实利用个人计算机和低级工作站进行仿真，将计算机的屏幕作为用户观察虚拟境界的一个窗口。通过各种输入设备实现与虚拟现实世界的充分交互，这些外部设备包括鼠标、追踪球、力矩球等。它要求参与者使用输入设备，通过计算机屏幕观察360度范围内的虚拟境界，并操纵其中的物体，但这时参与者缺少完全的沉浸，因为它仍然会受到周围现实环境的干扰。桌面虚拟现实最大特点是缺乏真实的现实体验，但是成本也相对较低，因而，应用比较广泛。常见桌面虚拟现实技术有：基于静态图像的虚拟现实 QuickTime VR、虚拟现实造型语言 VRML、桌面三维虚拟现实、MUD 等。

沉浸的虚拟现实：高级虚拟现实系统提供完全沉浸的体验，使用户有一种置身于虚拟境界之中的感觉。它利用头盔式显示器或其他设备，把参与者的视觉、听觉和其他感觉封闭起来，并提供一个新的、虚拟的感觉空间，并利用位置跟踪器、数据手套、其他手控输入设备、声音等使得参与者产生一种身临其境、全心投入和沉浸其中的感觉。常见的沉浸式系统有基于头盔式显示器和基于投影显示系统。

图 7-1-3 沉浸的虚拟现实

增强现实性的虚拟现实：增强现实性的虚拟现实不仅是利用虚拟现实技术来模拟现实世界、仿真现实世界，而且要利用它来增强参与者对真实环境的感受，也就是增强现实中无法感知或不方便的感受。典型的实例是战机飞行员的平视显示器，它可以将仪表读数和武器瞄准数据投射到安装在飞行员面前的穿透式屏幕上，它可以使飞行员不必低头读座舱中仪表的数据，从而可集中精力盯着敌人的飞机或导航偏差。

分布式虚拟现实：如果多个用户通过计算机网络连接在一起，同时参加一个虚拟空间，共同体验虚拟经历，那虚拟现实则提升到了一个更高的境界，这就是分布式虚拟现实系统。在分布式虚拟现实系统中，多个用户可通过网络对同一虚拟世界进行观察和操作，以达到协同工作的目的。目前最典型的分布式虚拟现实系统是 SIMNET，SIMNET 由坦克仿真器通过网络连接而成，用于部队的联合训练。通过 SIMNET，位于德国的仿真器可以和位于美国的仿真器一样运行在同一个虚拟世界，参与同一场作战演习。

以上四类虚拟现实系统中，后三类都需要特殊的虚拟现实硬件和软件的支持，不容易在建筑表现中广泛应用。桌面虚拟现实虽然不尽完善但是却很容易实现，3ds MAX 就提供了其中比较简单的基于静态图像的虚拟现实 QuickTime VR 和虚拟现实造型语言 VRML 功能。

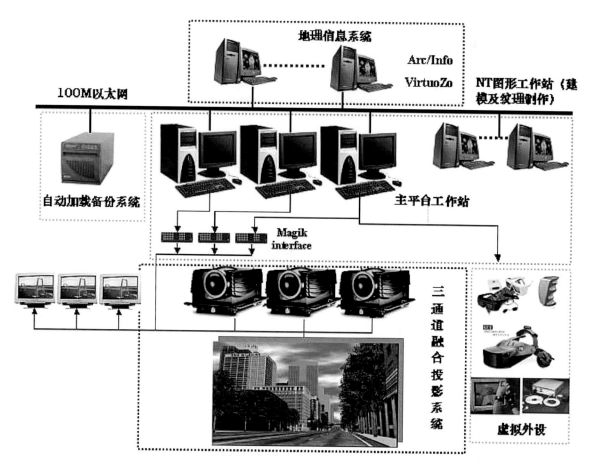

图 7-1-4　专业虚拟现实系统

7.2 基于静态图像的虚拟现实

假定我们在一建筑空间进行观察，建筑空间一般由数个界面围合而成，如果我们获取了这些界面的许多不同距离、不同方位的实景照片并将它们按照相互的关系有机连接起来，就可以在视觉上形成这个空间的整体认识，这就是全景概念。在观察时，我们可以任意地转动观看，也可以改变视点，或是走近仔细观看，由于这些照片是相互连接的，所以只要照片足够精细、连接得紧密正确，我们就可以获得空间的感觉。这就是基于静态图像的虚拟现实工作的基本原理。基于静态图像的虚拟现实的核心概念包括：

全景图像（Panoramas）：全景图像是基于静态图像的虚拟现实技术最具特色的概念。全景图像实际上是空间中一个视点对周围环境的 360 度的视图。它可以理解为以节点为中心的具有一定高度的圆柱形的平面，平面外部的景物投影在这个平面上，即为全景图像。用户可以在全景图像中在 360 度的范围内任意切换视线，也可以在一个视线上改变视角，来取得接近或远离的效果。 3ds MAX 提供有生成全景图像的渲染工具。

对象（Objects）：对象是和全景图像的概念相对比的概念。全景图像是从空间内的节点来看周围 360 度的景物所生成的视图，而对象则刚好相反，它是从分布在以一件物体（即物体）为中心的立体 360 度的球面上的众多视点来看一件物体，从而生成的对一个对象的全方位的图像信息。使用时，用户用鼠标来控制物体电影（object movie）的播放。点击电影播放窗口的中央，会显示一个图像，点击窗口的上部或下部，从而移动观察视点时，系统就会显示对应观察点图像。

场景（Scenes）：场景指的是把一个或多个全景图像或对象电影通过热点这种手段连接后的全景图象和对象电影的有序集合体。在场景中，用户可以在很多全景图像或对象电影中漫游，可以从全景图像到全景图像、从全景图像到对象电影、从对象电影到对象电影、从对象电影到全景图像等多种方式来漫游。

"对象"和"场景"以图像为基础进行进一步的整合，较为常用的是美国苹果公司的 Quick Time VR 软件。建筑空间表现以全景图像为主，以下先介绍如何在 3ds MAX 生成全景图像。

3ds MAX 在渲染中提供了生成全景图像的渲染工具"全景导出器"。从主菜单"渲染"和"工具"面板中可以找到"全景导出器"。

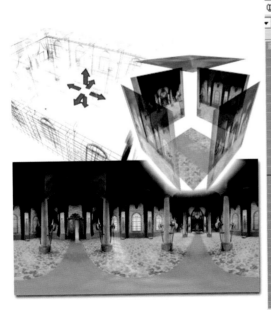
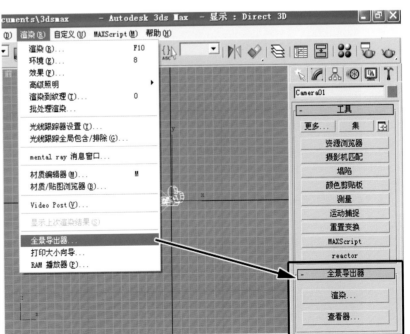

图 7-2-1 全景导出器

"全景导出器"卷展栏具有两个按钮，可用于创建或查看全景渲染。"渲染"打开用于"全景导出器"的"渲染设置"对话框。"查看器"打开"全景导出器"查看器。

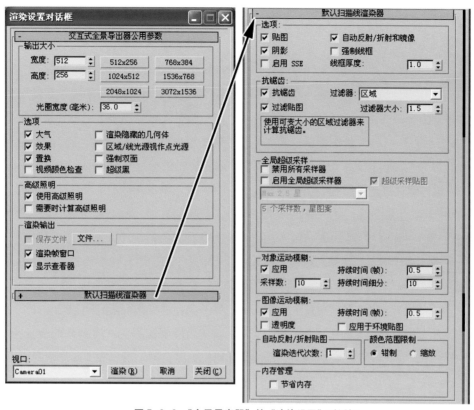

图 7-2-2 "全景导出器"的"渲染设置"对话框

"全景导出器渲染设置"对话框与"渲染场景"对话框类似。只不过"全景导出器渲染设置"对话框是模式的。

"输出大小"组

选择一个预定义的大小或在"宽度"和"高度"字段（像素为单位）中输入的另一个大小。这些控件影响图像的纵横比。

"宽度和高度"：以像素为单位指定图像的宽度和高度，从而设置输出图像的分辨率。

"预设分辨率按钮"：单击这些 512×256、1024×512 等等按钮之一，选择一个预设分辨率。

"光圈宽度"指定用于创建渲染输出的摄影机光圈宽度。更改此值将更改摄影机的镜头值。这将影响镜头值和FOV值之间的关系，但不会更改摄影机场景的视图。

"选项"组

"大气和效果"：启用此选项后，渲染任何应用的大气效果，如体积雾。

"效果"：启用此选项后，渲染任何应用的渲染效果，如模糊。

"置换"：渲染任何应用的置换贴图。

"视频颜色检查"：检查超出 NTSC 或 PAL 安全阈值的像素颜色，标记这些像素颜色并将其改为可接受的值。默认情况下，"不安全"颜色渲染为黑色像素。可以使用"首选项设置"对话框的渲染面板更改颜色检查的显示。

"渲染隐藏的几何体"：渲染场景中所有的几何体对象，包括隐藏的对象。

"区域／线光源视作点光源"：渲染所有区域或线光源作为点光源，从而加快渲染时间。这对草图渲染非常有用，因为点光源的渲染速度比区域光源快很多。该切换不影响带有光能传递的场景，因为区域光源对光能传递解决方案的性能影响不大。

"超级黑"：超级黑渲染限制用于视频组合的渲染几何体的暗度。除非确实需要此选项，否则将其禁用。

177

"强制双面"：双面渲染同时渲染所有面的面。通常，需要加快渲染速度时禁用此选项。如果需要渲染对象的内部及外部，或如果已导入面法线未正确统一的复杂几何体，则可能要启用此选项。默认设置为禁用状态。

"高级照明"组

"使用高级照明"：启用此选项后，软件在渲染过程中提供光能传递解决方案或光跟踪。

"需要时计算高级照明"：启用此选项后，需要时 3ds MAX 为每一帧计算光能传递。通常，当渲染一系列帧时，3ds MAX 仅为第一帧计算光能传递。如果在动画中有必要为后续的帧重新计算高级照明，请启用此选项。例如，一扇颜色很亮丽的门打开后影响到旁边白色墙壁的颜色，这种情况下应该重新计算高级照明。

"渲染输出"组

"保存文件"：将渲染的全景保存到磁盘。直到通过单击"文件"按钮定义了文件名，此选项才可用。

"文件"：使用此选项可以指定渲染全景文件的名称、位置和文件类型。

"渲染帧窗口"：用于启用或禁用全景导出器的渲染显示。

"显示查看器"：启用此选项后，当渲染全景渲染时打开全景导出器查看器。

在选择要渲染的摄影机视口后单击"渲染"就可以渲染全景。然后可以使用"全景导出器"查看器用于浏览渲染的全景。还可以使用该查看器将全景渲染以柱形、球形或 QuickTime VR 格式导出。

可以执行以下操作浏览渲染的全景：

按住左键以围绕全景旋转摄影机。如果移动鼠标，则摄影机以该方向旋转，直到再次移动鼠标（以鼠标和摄影机的相反方向移动全景视图）。

按住中键，然后上下移动鼠标进行缩放。

按住右键，然后移动鼠标，以围绕全景旋转摄影机。使用右键的情况下，必须拖动鼠标以查看任何移动以及与鼠标相同的方向移动的全景视图。

全景图像除了从 3ds MAX 场景中渲染出来之外，对于现存的城市环境还可以通过专门的摄影方法获得。如使用能够拍摄 360 度全景的专业全景相机，这种照相机可以自动一次完成 360 度范围内场景的摄影任务。或者使用通用的摄影器材加上专业配件，通过旋转照相机获得一系列连续图像供后期合成。

图 7-2-3　全景相机与专业配件

与计算机渲染软件中的虚拟摄影机为抽象的一个几何点不同，现实中的照相机是有一定体积的，图像是在成像平面上获得的。要在成像平面上获得能够可以完美衔接的图像就需要让照相机以照相机镜头的像方节点来旋转。全景相机与专业配件就是通过设计和调整使得图像符合全景图像的衔接要求。

在拍摄图像的过程中，要考虑曝光的各种参数调整：为了加大景深要使用较小的光圈，为了凝固住运动的物体就要使用较高的快门速度，当现场光线较暗不能同时使用小光圈与高速快门时就需要选用较高的感光指数。测光时要按照环境中需要表现的主体来测光，值得注意的是由于是旋转地拍摄，会同时遇到顺光和逆光的情形，这就需要在按照主体测光完成后锁定光圈和快门，也就是在拍摄的过程中不能使用自动档让照相机根据当前画面的明暗来改变曝光参数，要使用曝光锁定或转到手动设置。在拍摄时还要注意每一幅画面与前后画面要有一部分重叠，最好在30%以上。

当将图像准备好以后就可以使用场景合成软件（如美国苹果计算机公司的 QuickTime VR Author）进行合成，用上述方法获得的图片在专业的基于图像的虚拟现实软件中可以做到自动拼接，只要将图片在计算机中的位置和名称输入就可以了。如果没有严格按照上述方法通过节点旋转照相机获得图像，就需要在图像处理软件

中手工调整，如果偏差不多最后效果还是可以接受的。

基于图像的虚拟现实完成后的文件很小，很适合在国际互联网上发布。可以很方便地嵌在网页中，http://www.apple.com/quicktime/products/gallery/ 上就展示了很多场景。这些场景不但可以左右环视，还可以上下仰俯观察。

可以看出，基于图像的虚拟现实容易做到图像分辨率高、形体表达细腻，由于可以使用现场照片作背景因而背景真实感强，如果视点位置、观察角度合理，所获得的图像符合一般公众所得到的真实感受。由于只需要对现场中没有或改造过的场景建立模型渲染，相对于其他虚拟现实技术建模的工作量很小。基于图像的虚拟现实在制作和发布对计算机硬件、网络带宽要求低，家用 PC 机、窄带网就可浏览。如果制作两套间隔视点的图像并与立体图像显示设备结合，还可以建立有立体感受的图像。当然，基于图像的虚拟现实与全建模动态仿真相比，其观察点是比较有限的，不能够做到在场景中任何一点都可以漫游，这有点类似数码图像的分辨率的概念，理论上当基于图像的虚拟现实中的观察点足够密集，也就可以做到漫游的效果了。

基于图像的虚拟现实的重要意义在于，它以设备简单、兼容性好、高度的现实性、数据量小、制作简单等特点，为"虚拟现实"技术的大众化铺平了道路。

图 7-2-4 基于图像的虚拟现实应用

7.3 虚拟现实造型语言

虚拟现实造型语言 Virtual Reality Modeling Language，简称 VRML。VRML 被称为继 HTML 之后的第二代 Web 语言，它本身是一种建模语言，也就是说，它是用来描述三维物体及其行为的，可以构建虚拟境界（Virtural World），可以集成文本、图像、音响、MPEG 影像等多种媒体类型，还可以内嵌用 Java、ECMAScript 等语言编写的程序代码。VRML 的基本目标是建立因特网上的交互式三维多媒体，基本特征包括分布式、三维、交互性、多媒体集成、境界逼真性等。

VRML 是一种用在 Internet 和 Web 超链接上的，多用户交互的，独立于计算机平台的，网络虚拟现实建模语言。虚拟世界的显示、交互及网络互连都可以用 VRML 来描述。

VRML 的设计是从在 WEB 上欣赏实时 3D 图像开始的。VRML 浏览器既是插件，又是帮助应用程序，还是独立运行的应用程序，它是传统的虚拟现实中同样也使用的实时 3D 着色引擎。这使得 VRML 应用从三维建模和动画应用中分离出来，在三维建模和动画应用中可以预先对前方场景进行着色，但是没有选择方向的自由。VRML 提供了 6+1 度的自由，用户可以沿着三个方向移动，也可以沿着三个方向旋转，同时还可以建立与其他 3D 空间的超链接，因此 VRML 非常适合表现建筑空间。

VRML 定义了一种把 3D 图形和多媒体集成在一起的文件格式。从语法角度看，VRML 文件是显示的定义和组织起来的 3D 多媒体对象集合；从语义角度看，VRML 文件描述的是基于时间的交互式 3D 多媒体信息的抽象功能行为。VRML 文件描述的基于时间的 3D 空间称为虚拟境界（Virtual World），简称境界，所包含的图形对象和听觉对象可通过多种机制动态修改。

VRML 文件可以包含对其他标准格式文件的引用。可以把 JPEG、PNG 和 MPEG 文件用于对象纹理映射，把 WAV 和 MIDI 文件用于在境界中播放的声音。另外，还可以引用包含 Java 或 ECMAScript 代码的文件，从而实现对象的编程行为。所有这些都是由其他标准提供的，

之所以在 VRML 中选用它们，是因为它们在 Internet 上的广泛应用。VRML 97 规范描述了它们在 VRML 中的用法。

VRML 使用场景图（Scene Graph）数据结构来建立 3D 实境，这种数据结构是以 SGI 开发的 Open Inventor3D 工具包为基础的一种数据格式。VRML 的场景图是一种代表所有 3D 世界静态特征的节点等级：几何关系、质材、纹理、几何转换、光线、视点以及嵌套结构。几乎所有生产厂商，无论是 CAD、建模、动画、VR，还是 VRML，它们的结构核心都有场景图。

境界中的对象及其属性用节点（Node）描述，节点按照一定规则构成场景图（Scene Graph），也就是说，场景图是境界的内部表示。场景图中的第一类节点用于从视觉和听觉角度表现对象，它们按照层次体系组织起来，反映了境界的空间结构。另一类节点参与事件产生和路由机制，形成路由图（Route Graph），确定境界随时间的推移如何动态变化。

VRML 文件的解释、执行和呈现通过浏览器实现，这与利用浏览器显示 HTML 文件的机制完全相同。浏览器把场景图中的形态和声音呈现给用户，这种视听觉呈现即所谓的虚拟世界（境界）。用户通过浏览器获得的视听觉效果如同从某个特定方位体验到的，境界中的这种位置和朝向称为取景器（Viewer）。

VRML 的访问方式是基于客户/服务器模式的。其中服务器提供 VRML 文件及支持资源（图像、视频、声音等），客户端通过网络下载希望访问的文件，并通过本地平台上的 VRML 浏览器交互式地访问该文件描述的虚拟境界。由于浏览器是本地平台提供的，从而实现了平台无关性。下图描述了 VRML 的工作方式。

VRML 是一个开发标准，为了加强协作，避免技术重复和市场冲突，而鼓励其他技术引用 VRML 或成为 VRML 的一部分。与 VRML 关系密切的三项技术是 Java3D、MPEG-4 和 Chrome。其中，Java3D 和 VRML 都把 3D Web 作为关键应用对象，前者的优势在于程序设计，后者的优势在于场景构造，两者在可编程性 3D Web 应用方面密切合作。

MPEG-4 面向基于内容的交互式视讯应用，可以为 VRML 提供流技术、压缩和音响同步技术，而 MPEG-4 用 VRML 来描述 3D 内容。在 2D 页面集成方面，可以探索 VRML 和 Microsoft 的 Chrome 协作的可能性。

VRML 将创造一种融多媒体、三维图形、网络通讯、虚拟现实为一体的新型媒体，兼具先进性和普及性，

是建筑与城市空间表现的新技术手段。

VRML 发展至今有多种格式：VRML1.0、VRML2.0/VRML97 和 Autodesk 公司自行发展出 VRBL（Virtual Reality Behavior Language）。

3ds MAX 可以导入 VRML1.0、VRBL 和 VRML2.0/VRML97 文件和导出 VRML97 格式文件。

图 7-3-1 导出 VRML97 格式

在主菜单中选择"文件"菜单 中"导出"，然后选择 VRML97（.WRL）作为文件格式。 输入文件名后单击"保存"。 在随后弹出的"VRML97 导出器"对话框中，如下所述设置选项：

"生成"组

启用下列任何选项都会增加由导出过程所生成的 VRML97 文件大小。由于 VRML 主要运行于网络环境，适当控制文件大小，与显示效果取得平衡就显得很重要。

"法线"：生成对象的实际法线。某些浏览器需

要法线以实现正确的平滑。如果要导出 3ds MAX 中使用平滑组的几何体，请检查该框以查看正确的着色。默认设置为禁用状态。

"坐标插补器"：导出涉及网格对象实际修改的动画效果，而不仅仅是移动、旋转和缩放。例如包含"锥化"、"弯曲"和"扭曲"修改器，以及空间扭曲。该选项会生成较大文件，因为导出器需要为这些类型的动画计算每个顶点的位置。

如果动画不能正确地导出，则使用该选项进行导出。需要"坐标插补器"的一个动画运动的例子是，由简单矩形框组成的杆状体形，在这一体形中骨骼链接到矩形框上形成骨架结构。即使这些矩形框在空间移动时变形不明显，也不能不使用"坐标插补器"来导出这些运动，因为它们的运动并不是由简单的变换生成的。任何通过使用修改器堆栈或对象参数而实现的动画都需要"坐标插补器"。这也包括动画"变换"修改器。

某些类型的动画无法使用"坐标插补器"实现；例如，当动画网格在帧间改变大小时，在球体中设置分段数目的动画就是这样。如果 3ds MAX 检测到这一类型的动画正在导出，它会发出警告。

"缩进"：缩进 VRML97 源代码使其可读性更强。默认设置为启用。

"导出隐藏对象"：导出隐藏的对象。默认设置为禁用状态。

"基本体"：导出 VRML97 基本体，这可以减小文件大小，因为描述这些基本体非常简单（例如，球体由其半径描述）。要查看场景中有多少多边形，请禁用该框以导出 3ds MAX 基本体，它为每个对象设置了一个索引的面集。默认设置为启用。

"翻转书"：将场景导出到多个文件中。在"采样率"对话框的"翻转书"部分设置采样率。指定的文件名成为文件序列的基本名。例如，如果指定文件名为 test.wrl，选择每个动画帧一个文件，假如有五帧的话，则 3ds Max 导出下列文件：test.txt 含有常规信息、开始 / 停止时间以及帧数。test0.wrl 到 test4.wrl 是从第 0 帧到第 4 帧中动画的快照。

"每个顶点的颜色"：导出几何体顶点的颜色。如果启用该选项，则"每个顶点颜色源"会让您选择顶点颜色源。

"多边形类型"：确定几何体面如何作为 VRML97 IndexedFaceSet 节点写出。其中：

"多边形"：用尽可能多的边绘制面。

"四边形"：在任何可能的地方绘制四边形面（否则是三角形）。

"三角形"：只绘制三角形面。

"可见边"：将面在标记为可见的内部边处分解。

"初始视图"：为场景设置输入摄影机并控制在浏览器中首先显示的内容。如果场景中没有摄影机，则场景以默认视口显示（可能只给出部分视图）。

所有场景应当至少拥有一台摄影机，这样就可以控制场景如何进行初始渲染。向场景中添加比初始使用的更多的摄影机，这样只要 VRML97 浏览器允许的话，查看者就可以在多台摄影机间切换。这样就能够使用预先安装的有利位置来设置场景。否则，如果世界非常大的话，就可能会给查看者的系统带来更多负担而且也会使导航变得困难。某些浏览器设置摄影机移动动画，这样其他摄影机就可以使查看场景变得更有趣。

"初始漫游信息"：指定在浏览器中加载世界时，要使用的漫游信息辅助对象。

"初始背景"：指定在浏览器中加载世界时，要使用的背景辅助对象。

"初始雾"：指定在浏览器中加载世界时，要使用的雾辅助对象。

"精度位数"：设置用于计算尺寸的小数点位数。默认值 4 通常就足够了。如果您所创建的部分世界距场景中心大于 100,000 个单位的时候，那么就需要设置位数大于 4。将该值设置为 3 可以减小文件大小。

"显示进度条"：提供当场景导出时查看进度条的选项。

"顶点颜色源"组：当启用"每个顶点的颜色"选项时，可以为顶点颜色选择源。

"使用 MAX 的"：导出在场景中定义的对象的当前顶点颜色。

"在导出时计算"：在导出时计算顶点处的漫反射颜色，这一计算基于当前灯光和对象的材质。

"位图 URL 前缀"组：可以为场景中指定给对象的位图指定一个 URL 前缀。必须使所有纹理位图或者与 .wrl 文件在同一目录下，或者位于此处指定的其他位置中。如果贴图存储在其他位置中，则需要手动搜索 .wrl 格式的贴图并更改其位置。即使没有在 WWW 服务器上找到贴图，也并不是所有的浏览器都会显示错误消息。

"使用前缀"：启用前缀机制。如果禁用该框，则图像贴图必须位于 .wrl 文件所在的位置。

"前缀"：将此处输入的前缀添加到所有指定位图的名称中。名称可以是全 URL（以 HTTP 开头），或者也可以是相对路径（VRML97 文件所在位置的子目录）。例如，如果为前缀输入"Maps"，则当浏览器打开一个指定了纹理贴图的 VRML97 文件时，它会寻找子目录"Maps"。"Maps"必须是 VRML97 文件所在目录下层的直接目录。使用正斜杠（不是反斜杠）来输入较长的路径。例如，3ds MAX/maps。

"采样速率"：显示一个对话框，可以在其中指定基于控制器和坐标插值的动画采样率，也可以指定"翻转书"的输出速率。设置采样率使您可以在动画逼真度和文件大小间获得平衡。默认值在大多数情况下会得到很好的效果。要实现更高的动画精度，就使用较低的数值（更高的采样率）。

"世界信息"：输入关于世界的信息。这对可视化外观或世界的行为没有影响。某些浏览器可以显示"标题"字段中输入的内容，例如，在浏览器窗口的标题栏。可以使用"信息"字段来提供作者、版本和版权信息。

将场景输出为 VRML97 格式前，3ds MAX 还可以创建一系列辅助对象来加强场景的真实性与互动性。

导出的 VRML 格式文件需要通过浏览器观看，VRML 浏览器不仅是一个显示窗口，而是带有巡访控制的实时 3D 着色引擎，允许你探测 3D 空间和测量 3D 对象。VRML 浏览器已发展的相当成熟，各厂家还开发形形色色附带扩展功能的 VRML 浏览器，形成了战国争雄的局面，其中 ParallelGraphics 公司的 VRML 浏览器较为突出。

ParallelGraphics 公司的 VRML 浏览器 Cortona 支持 MPEG 等视频文件、流媒体文件、Mp3 等多种音频文件、Flash 动画文件、多种材质效果，支持 Nurbs 曲线、粒子效果、雾化效果，支持键盘输入、拖放控制，支持 VR 眼镜等硬件设备，更是业内第一个（也是唯一）支持最新 EAI 功能的 VRML 浏览器，支持微软公司 Windows 操作系统，并已在 PC 机、苹果机和 Java(X3D) 机的操作系统平台上经过测试，甚至支持带 Windows CE 操作系统的无线设备（PDA、手机等）和机顶盒上网浏览 VRML 内容。Cortona 浏览器使用方便，采用 3D 的效果，交互性能近乎完美，是目前最多用户使用的 VRML 浏览器。

VRML 文件除了直接浏览以外还可以方便地编入 Web 中，结合平面图和触发控件进行更为有效地建筑表现。

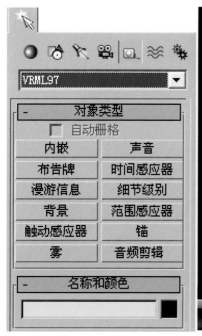

图 7-3-2　VRML97 辅助对象

图 7-3-3　VRML 浏览器 Cortona

图 7-3-4　VRML 在 Web 中表现建筑

练习作业：虚拟现实

作业要求：

将场景导出成"全景图"和"VRML 97"虚拟现实。

作业步骤：

1. 打开 RMex21.max 文件。

2. 从主菜单"渲染"或"工具"面板中可以调出"全景导出器"。

3. 点击"输出大小"组中预设分辨率按钮"2048X1024"。

4. 按"渲染"按钮渲染全景图。

5. 在"全景导出查看器"中观察效果。

6. 在"全景导出查看器"中将文件导出成"QuickTimeVR"格式。

图 7-4-1　渲染全景图

184

图 7-4-2 导出 "QuickTimeVR" 格式

图 7-4-3 使用 VRML 浏览器 Cortona 浏览 VRML

建议课时：

1 课时内基本完成将场景导出成"全景图"和"VRML97"虚拟现实。导出的 VRML 文件的调整和浏览可以根据操作情况在课后完成。

7. 打开 RMex23.max 文件。

8. 选择"文件"菜单中"导出"，然后选择 VRML97（.WRL）作为文件格式。 输入文件名后单击"保存"。

9. 在随后弹出的"VRML97导出器"对话框中点击"确定"。

10. 安装 VRML 浏览器 Cortona。

11. 打开导出的 VRML 文件。

作业提示：

1. 全景导出的分辨率可以适当再设置的高一些以便浏览效果更好。

2. 浏览"QuickTimeVR"格式文件需要安装"QuickTime"。

3. 导出的 VRML 文件需要控制模型的大小。

4. 打开 VRML 文件时计算机会有安全提示，并阻止显示。此时需要人工允许运行文件的活动内容。

5. 要产生完整的 VRML 文件需要严格按照 VRML97 标准建立模型。

6. 操作过程及结果参见 RMex23.max、RMex23.mov、RMex23.WRL. 文件。

教学大纲与计划

课程性质与目的

建筑设计是一个复杂而综合的过程，而建筑的表达与表现在建筑设计中有着很重要的作用。计算机技术在表现三维空间方面相比传统方式要更为准确和高效。本课程主要目的在于通过课堂教学与课后练习使学生理解建筑设计对于建筑表现的要求，并掌握计算机表现建筑的多种方式。

课程基本要求

了解建筑设计各个过程中对建筑表现的不同要求。掌握转换建筑三维模型数据的方法和了解其他建立和获取模型的手段。掌握摄像机、灯光的设置和材质的创建与赋予。掌握静态单帧图与动画的渲染。了解虚拟现实技术和简单制作方法。

课程基本内容

首先课程介绍了建筑设计与计算机技术在建筑表达与表现的关系。接着课程具体介绍建模、设置摄影机、灯光、创建和赋予材质、渲染和虚拟现实的具体操作和相关知识原理。

前修课程要求

本课程为计算机辅助建筑设计系列课程的第二部分。在开始本课程之前必须掌握第一部分课程中矢量线条表现（平面图、立面图、剖面图等）和三维实体模型的构建。

学时分配

序号	内　　容	理论课时	实验课时	习题课时	上机课时	小计
		学　时　安　排				
1	建筑空间表达与 3ds Max	1			1	2
2	模型数据转换与创建	1	1	1	1	4
3	建模的其他手段	1	1			2
4	摄影机原理与透视	1	1			2
5	摄影机设置			1	1	2
6	灯光照明与阴影	1	1			2
7	灯光设置			1	1	2
8	色彩与质感	1	1			2
9	材质创建与赋予			1	1	2
10	渲染与输出	1	1	1	1	4
11	虚拟现实	1	1	1	1	4
合计	每周 2 课时，共 14 周。	8	7	6	7	28

注：若每周 1 课时，可将习题和上机课时安排在课外进行。